内蒙古大兴安岭汗马国家级自然保护区六足动物

Hexapods of Hanma National Natural Reserve in Daxinganling, Inner Mongolia

史　丽　胡金贵　杨　定　等　编著

科 学 出 版 社

北　京

内 容 简 介

本书是第一本较为系统地描述内蒙古大兴安岭汗马国家级自然保护区六足动物的专著。本书共记述六足动物 2 纲 6 目 26 科 76 属 120 种。其中，弹尾纲 1 目 2 科 4 属 7 种；昆虫纲的蜉蝣目 5 科 7 属 8 种；襀翅目 1 科 1 属 2 种；毛翅目 4 科 7 属 9 种；双翅目 10 科 28 属 50 种；膜翅目 4 科 29 属 44 种。总计 13 新种，11 中国新记录种，13 内蒙古新记录种。书中提供了详细的形态特征描述、分布记录、观察标本信息、分属种检索表和部分特征图片。

本书可供从事动物学、自然保护学、农林牧业、生物多样性等专业的科技人员及大中专院校相关专业人员阅读参考。

图书在版编目(CIP)数据

内蒙古大兴安岭汗马国家级自然保护区六足动物/史丽等编著. —北京：科学出版社，2020.6

ISBN 978-7-03-065033-7

Ⅰ. ①内…　Ⅱ. ①史…　Ⅲ. ①自然保护区-昆虫-研究-内蒙古　Ⅳ. ①Q968.222.6

中国版本图书馆 CIP 数据核字（2020）第 076778 号

责任编辑：刘海晶　李　莎 / 责任校对：马英菊
责任印制：吕春珉 / 封面设计：东方人华平面设计部

科 学 出 版 社 出版
北京东黄城根北街 16 号
邮政编码：100717
http://www.sciencep.com

北京虎彩文化传播有限公司 印刷

科学出版社发行　各地新华书店经销

*

2020 年 6 月第　一　版　开本：B5（720×1000）
2020 年 6 月第一次印刷　印张：11 1/4
字数：224 000

定价：108.00 元

（如有印装质量问题，我社负责调换〈虎彩〉）
销售部电话 010-62136230　编辑部电话 010-62138978-2042（BN12）

本书编委会

主任

史　丽　内蒙古农业大学园艺与植物保护学院 呼和浩特 010018
胡金贵　内蒙古大兴安岭汗马国家级自然保护区管理局 根河 022359
杨　定　中国农业大学植物保护学院 北京 100193

编委（以姓氏拼音为序）

卜文俊	陈　斌	陈学新	付文博	高悦添	韩晓静
侯晓晖	蒋晓红	焦克龙	李　彦	李廷景	李卫海
李晓丽	林晓龙	刘文彬	马振兴	齐　婷	宋　超
孙冰皎	孙长海	王　芳	王　浩	王　宁	王孟卿
王新华	王义平	吴　琼	张　峰	张　童	张　伟
张　晓	张　雪	周长发	周青霞		

前　言

内蒙古大兴安岭汗马国家级自然保护区（以下简称“汗马保护区”）被誉为“北疆绿色明珠”。“汗马”为鄂温克语“源头”之意，即激流河的源头。保护区有丰富的野生动植物资源，独特的森林原始地貌，稀有的北方生态种类，是我国保存最完整的寒温带原始明亮针叶林地区之一，也是少有的无人定居的自然保护区。1954 年初，国家林业局（现国家林业和草原局）将大兴安岭具有原始森林植貌特征的牛耳河源头（汗马地区）设定为“汗马禁猎禁伐区”。1958 年，国家林业局批准的《大兴安岭开发规划总方案》中，将汗马地区规划为“兴安落叶松原始森林生态系统和鸟兽自然保护区”。1995 年 5 月，汗马保护区被批准为“自治区级自然保护区”。1996 年 11 月，汗马保护区被国务院批准为“国家级自然保护区”。2006 年 10 月，国家林业局将汗马保护区列为全国 51 个示范保护区之一。2007 年 10 月 12 日，汗马保护区正式加入“中国人与生物圈保护区网络组织”。

2011 年，《内蒙古汗马国家级自然保护区科学考察报告》出版，记载野生植物 110 科 296 属 620 种，陆栖脊椎动物 76 科 293 种，但六足动物种类零记录。2013 年，汗马保护区被《人与生物圈》期刊专辑介绍为“汗马：25 亿年地质演化波澜壮阔，冰河激流造就泰加林血脉，敖鲁古雅鄂温克人的理想家园，珍禽奇兽更迭繁衍”。2016 年 12 月 20 日，汗马生态文化馆在内蒙古呼伦贝尔根河市正式开馆，充分发挥了青少年生态环境教育基地的重要作用。2017 年 7 月 12 日，汗马保护区在鸟兽集中分布的重点生态区域安装实时监控，是保护区信息化数据应用于动物保护的重要标志。2017 年 8 月 2 日，汗马保护区召开了“汗马保护区科学考察委员会第一次会议”，标志着保护区科学考察更加系统化、现代化。参加科学考察的许智宏院士曾指出，“保护区的核心区人迹罕至，纯粹的原始森林面貌在这里体现得淋漓尽致，高大的树木下积攒了多年的落叶与植物枯枝，将地表完全覆盖，最大限度地降低了水分的流失。丰富的植物资源为野生动物提供了舒适的生存空间，也提供了充足的食物来源。多年的演化使野生动物与这片森林形成复杂的食物链和依存关系，从而保证了保护区生态系统的稳定性。”厦门大学生态文学研究团队的王亚鹏教授曾写道：“只要你去过一次汗马，它就永远在你心底，一生一世，是抹不去的记忆，放不下的牵挂。因为，汗马让我们依稀看到了人类诗意而自然地栖居的理想之光。”

汗马保护区地处古老的大兴安岭北部主脊西侧，地理坐标为东经 122°23′34″～122°52′46″，北纬 51°20′02″～51°49′48″，地势北高南低，四周环山，形成较狭长的南北走向的河谷，最高海拔 1418m，最低海拔 824m，总面积

107 348hm²，其中陆地面积 106 843hm²，占保护区总面积的 99.5%。保护区内有森林、灌丛、草原、湿地草甸、沼泽和草塘 6 种植被型，10 种植被亚型，16 个群系组，28 个群系，45 个群丛。复杂多变的植被，构成了一个集大型森林生态系统、湿地生态系统、水域生态系统为一体的自然保护区。保护区属寒温带大陆性气候，冬季全年平均气温-5.3℃，最高气温 35.4℃，最低气温 -49.6℃，年平均相对湿度 71%。保护区全年约 10 个月的时间有积雪，无霜期只有 80～100 天。保护区东部与黑龙江呼中国家级自然保护区相接，以大兴安岭山脉的主脊为界，两者合为一体，构成一个完整的大兴安岭原始林生态系统。这个原始且完整的生态系统，不仅对保护生物物种和生物圈具有极其重要的价值，而且对重建人类与自然的和谐关系、构建生态文明具有十分重要的意义。

汗马保护区是中国自然资源最丰富、生物最具多样性的地区之一，其生物多样性保护对中国生物多样性保护具有十分重要的意义。昆虫多样性作为生物多样性的重要组成部分，对维持生态平衡具有重要地位。部分昆虫类群可以作为监测生物多样性变化的指示种，具有生物地理学和生态学探针的功能，可作为较大尺度生态系统的指示性生物，监测环境及群落的变化趋势，更适合用来描述生境的精细特征及指示生境的细微变化，因此，开展汗马保护区的昆虫多样性研究对实施生物多样性监测和保护具有重要意义。

2014 年 7 月，作者及其研究团队初入汗马保护区，便被其原始的生态环境和丰富的昆虫种类深深吸引。2015 年 7 月至 2017 年 8 月，作者及其研究团队在汗马保护区开展较全面的昆虫资源调查，通过扫网和马氏网诱集昆虫 1 141 928 号，其中 161 928 号已经鉴定至 15 目 191 科，鉴定到种仍需时间。几年来，进行昆虫采集的学生和保护区管理局的工作人员不畏蚊、蠓、蚋、蜱等的叮咬，不惧泥潭沼泽，背着帐篷、干粮，穿着水靴，深一脚浅一脚地穿梭在丛林中，肩膀、后背血水相溶，但仍面带微笑，不畏艰辛，一心收集昆虫标本。

标本采集过程得到汗马保护区的胡金贵局长、王守波局长、李晔主任，以及翟鹏辉、李正山、张卫华、李文良、姜明胜、代林生、刘俊山、杨琨等保护区管理局工作人员的全力支持，在此深表感谢！分检标本和鉴定到科的工作由 2014 级研究生高雪峰，2015 级研究生申荣荣、万炜，2016 级研究生张梦靖，2017 级研究生李顺德、何国玮，以及 2010 级本科生德超群、金春燕，2011 级本科生陈超、曰明润、朱雨轩，2012 级本科生韩晔、郝江宁、张婷、李明军、崔伟国，2014 级本科生徐思远、白娟、王佳琪、王永杰、邓景丹、崔悦、张子健，2015 级本科生陈鹰、姚知含、陈思雨、娜庆、孙宏威、刘志达、阿英戈等在课余时间完成，在此表示感谢！对积极参加标本鉴定和书稿撰写的 20 余所院校的师生们表示诚挚感谢！同时，标本采集及鉴定受到内蒙古杰出青年培育基金项目（项目编号：2015JQ03）、国家自然科学基金项目（项目编号：31660622、31260525）和国家地理空气与水保护基金（National Geographic Air and Water Conservation Fund，项目编号：GEFC11-12）的资助，在此表示感谢！

书中的不足之处，敬请读者批评指正，以利今后改进提高。

史　丽

2019 年 12 月

目　　录

弹尾纲 Collembola

昆虫纲 Insecta

弹尾纲 Collembola

张峰
（南京农业大学植物保护学院，南京，210095）

一、长角蛛目 Entomobryomorpha

（一）鳞蛛科 Tomoceridae Schäffer, 1896

特征：体色由鳞片和表皮色素共同呈现。鳞片在采集时极易脱落，故活体与酒精标本的体色往往相差极大。触角长于头部，第 3、4 节分环状亚节，第 3 节通常长于第 4 节。每侧眼区具小眼 0～6 个。前胸背板退化，无毛。握弹器具 4+4 齿，通常具刚毛，鳞片有或无。弹器基节腹面密被鳞片。弹器齿节 3 亚节，由基部至端部分别为基亚节、中亚节、端亚节。基亚节外侧或有发达的刺状刚毛；基亚节及中亚节内侧具刺，刺的形态及排布为该科重要分类特征；端亚节背面覆有仅一侧具长纤毛状突起的特化刚毛。弹器端节延长，被刚毛，背面具 1～2 膜片，基部具 1～2 基齿，末端具 1 个端齿和 1 个亚端齿，间齿数量多变。多生活于地表凋落物或朽木中，取食真菌或其他微小动物。

分布：世界已知 16 属 175 种，中国记录 4 属 68 种，汗马保护区分布 1 属 1 种。

1. 鳞蛛属 *Tomocerus* Nicolet, 1842

特征：小颚无须状突。小眼多为 6+6。转节器退化为 1 根刚毛。弹器齿节基部内侧无刺状鳞片，外侧无刺状刚毛，齿节刺型多样；端节外基齿具 1 个小齿，具 2 片背膜片。

分布：古北区、东洋区、新北区、澳新区分布。世界已知 77 种，中国记录 43 种，汗马保护区分布 1 种。

（1）吉林鳞蛛 *Tomocerus jilinensis* Ma, 2011（图 1-1）

特征：体长可达 3.0mm。身体底色浅黄色，眼区深蓝色，触角第 3、4 节蓝色，第 1、2 节浅蓝色。小眼 6+6，近等大。触角长度为体长的 0.8～1.1 倍，为头长的 3.6～5.8 倍，触角第 1～4 节长度比例为 1.0∶(1.3～2.3)∶(6.3～9.1)∶(1.3～3.8)。头部毛序：前区 2+4，中区 2+7，侧区 2+2，后区 4，后缘具许多小毛。胫跗节 1～

3 内侧具 4～7 根、5～8 根、7～9 根特化大毛。大爪细长，内齿 4～6 个。小爪尖矛状，具 1 个内齿。黏毛发达，长度为大爪内缘的 1.1～1.3 倍，末端膨大为铲状。腹管具鳞，刚毛数量为：前表面每侧 35～49 根，后表面 71 根，侧瓣每侧 74 根。握弹器无鳞，具 6～17 根刚毛，4+4 齿。齿节刺深褐色，简单型，表面具细纹或细褶，基部刺排列为 2 排。端节外侧背膜片具 3～9 个间齿，端齿与亚端齿近等大。

观察标本：1♂1♀，内蒙古大兴安岭汗马国家级自然保护区，波诺河吊桥边，120.86667°E，51.01667°N，海拔 854 m，2015.VIII.28，史丽。

分布：内蒙古、吉林。

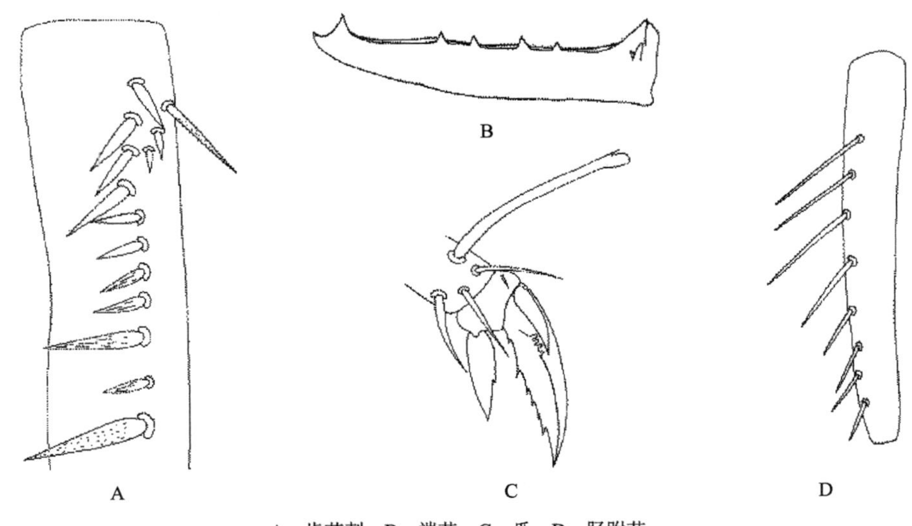

A—齿节刺；B—端节；C—爪；D—胫跗节。

图 1-1 吉林鳞䖴 *Tomocerus jilinensis* Ma, 2011

（二）长角䖴科 Entomobryidae Tömösváry, 1882

特征：身体细长，第 4 腹节明显长于第 3 腹节。体被巨量纤毛状刚毛，质地柔软多弯曲，背板多有大毛。触角明显长过头部，4 节，第 1、2 节有时会分为 2 亚节；触角第 3 节感受器内部的两根感觉毛通常呈杆状，偶有宽叶状、桨状、扇状等。每侧眼区具 0～8 个小眼。前胸退化成颈状，无毛。中胸前缘密被纤毛状大毛，末端略弯曲并一侧平截。后腿转节器发达。胫跗节末端外侧均有 1 根黏毛，末端平截状或针状；后腿胫跗节末端内侧具 1 根光滑的刚针状毛。大爪通常具 2 成对内齿、0～2 不成对内齿、2 侧齿及 1 外齿。握弹器具 4+4 齿，至少具 1 根刚毛。齿节齿状，齿节内侧具或无刺；端节通常具 1 或 2 齿，端节刺 1 根或无。雌性外生殖区分化不明显；雄性生殖器为多毛状、环毛状或乳突状。第 2～4 腹节陷毛序 2，3，2（3）。

分布：世界已知 56 属 1121 种，中国记录 15 属 164 种，汗马保护区分布 3 属 6 种。

2. 刺齿䖴属 *Homidia* Börner, 1906

特征：身体通常具明显条纹。无鳞片。小眼 8+8，G 和 H 经常不易观察到。4 根唇前毛光滑；上唇唇凹 U 形或 V 形，乳突缺失或退化成 4 条横纹。下唇刚毛 E 和 L_1 常光滑；小颚须护卫毛 3 根。触角第 4 节具端泡，分成两叶。转节器极为发达，具 30 根以上刺状刚毛。胫跗节黏毛末端平截状。弹器齿节内侧具刺；端节具 2 齿，基齿明显大于端齿；具端节刺。第 4 腹节具 1 横排眉毛状大毛。

分布：古北区、东洋区、新北区分布。世界已知 67 种，中国记录 31 种，汗马保护区分布 1 种。

（2）金化刺齿䖴 *Homidia phjongjangica* Szeptycki, 1973（**图** 1-2）

特征：体长不超过 2.1mm。触角为头长的 2.6～4.2 倍。底色白色至浅紫色；触角第 4 节顶端深色；腹部第 4 节和第 5 节的后缘具两条黑色横纹，有些个体腹部第 3～4 节具弥散型的色素分布。上唇具 4 个细小乳突，外侧两个大但很少出现。下唇毛序为 $MREL_1L_2$，E 光滑；有时 R 有两根，有时 L_1 也光滑。腹管前侧大毛 3+3；后侧具 4～5 根光滑毛，中间 1 根通常较小或缺失。齿节内侧具 17～38 根刺。雄性生殖孔乳突状。背部毛序见表 1-1。

观察标本：1♂，内蒙古大兴安岭汗马国家级自然保护区，救护站，120.86667°E，51.01667°N，海拔 847m，2015.VIII.28，史丽。

分布：内蒙古、吉林；韩国。

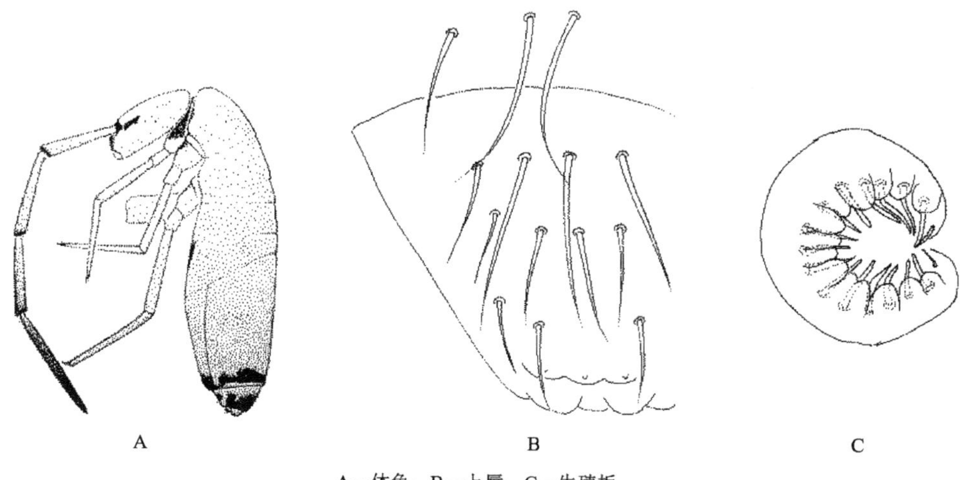

A—体色；B—上唇；C—生殖板。

图 1-2 金化刺齿䖴 *Homidia phjongjangica* Szeptycki, 1973（仿 Szeptycki）

表 1-1 金化刺齿䖴*Homidia phjongjangica* Szeptycki 的背部毛序

胸 II			胸 III		腹 I	腹 III		腹 IV	
m2+	p1i2+	p4+	p1i2+	p4+	Pm	M	L	横眉形排列刚毛	pM
3	+	+	?	0	11	2～3	4	?	6

3. 鳞长䖴属 *Lepidocyrtus* Bourlet, 1839

特征：触角第 4 节不膨大，末端具或无端泡。小眼 8+8。上唇唇凹深 V 形；乳突退化，多缺失。转节器发达。弹器齿节内侧无刺，基部无基突。端节具 2 齿，具端节刺。

分布：世界性分布。世界已知 67 种，中国记录 31 种，汗马保护区分布 1 种。

（3）斯氏鳞长䖴 *Lepidocyrtus szeptyckii* Rusek, 1985 中国新记录种

特征：体长不超过 1.15mm。触角为头长的 1.39 倍。身体暗紫蓝色。触角第 1 节和第 2 节有鳞片。中胸不向头部突出。唇前毛具纤状。上唇具乳突。腹部第 2 节毛序为 $paBq_1q_2$。转节器具 10 根光滑刺。大爪具 3 个内齿。小爪尖矛状。黏毛平截型，黏毛比大爪内缘长。弹器基比齿节稍长。毛序见表 1-2。

观察标本：1♂，内蒙古大兴安岭汗马国家级自然保护区，救护站，120.86667°E，51.01667°N，海拔 847m，2015.VIII.28，史丽。

分布：内蒙古；西伯利亚。

表 1-2 斯氏鳞长䖴*Lepidocyrtus szeptyckii* Rusek 的毛序

下唇						背部毛序
M_1	M_2	R	E	L_1	L_2	001/00/0101+2
C	C	C	C	C	C	

4. 长角䖴属 *Entomobrya* Rondani, 1861

特征：身体通常具明显体色条纹。无鳞片。小眼 8+8。上唇唇凹 U 形；乳突发达，锥状或每个具 2～3 根刺状突起。触角第 4 节具端泡，不分叶或分成两叶。转节器发达。黏毛末端通常膨大平截。弹器齿节内侧无刺；端节具 2 齿，大小相若；具端节刺。

分布：世界性分布。世界已知 270 种，中国记录 15 种，汗马保护区发现 4 新种。

（4）长角䖴 *Entomobrya* sp1 新种

特征：胸部及腹部背面具两列纵条纹，侧面有 1 列纵条纹。

观察标本：1♂，内蒙古大兴安岭汗马国家级自然保护区，救护站，120.86667°E，

51.01667°N，海拔 847m，2015.XIII.28，史丽。

分布：内蒙古。

（5）长角䖴 *Entomobrya* sp2 新种

特征：胸部及腹部第 1～3 节后缘具 1 排褐色横条纹，腹部第 4 节具 2 排横条纹。

观察标本：1♂，内蒙古大兴安岭汗马国家级自然保护区，牛耳湖，120.86667°E，51.01667°N，海拔 871m，2015.IX.17，史丽。

分布：内蒙古。

（6）长角䖴 *Entomobrya* sp3 新种

特征：体色为淡黄色或偏白色，触角末端颜色加深为淡黄色。

观察标本：1♂，内蒙古大兴安岭汗马国家级自然保护区，救护站，120.86667°E，51.01667°N，海拔 847m，2015.VIII.28，史丽。

分布：内蒙古。

（7）长角䖴 *Entomobrya* sp4 新种

特征：胸部及腹部第 1～3 节具 1 排褐色横条纹，腹部第 4 节具纵条纹。

观察标本：1♂，内蒙古大兴安岭汗马国家级自然保护区，牛耳湖，120.86667°E，51.01667°N，海拔 871m，2015.IX.17，史丽。

分布：内蒙古。

参 考 文 献

BOURLET C, 1839. Mémoire sur les Podures[J]. Mémoires de la Société Royale des Sciences, de l'Agriculture et des Arts de Lille: 377-418.

BÖRNER C, 1906. Das system der Collembolen nebst Beschreibung neuer Collembolen des Hamburger Naturhistorischen Museums[J]. Mitteilungen Naturhistorishe Museum Hamburg, 23: 147-188.

MA Y T, 2011. A new species of *Tomocerus* (Collembola: Tomoceridae) from China[J]. Zootaxa, 2756: 61-64.

RONDANI C, 1861. Dipterologiae Italicae Prodromus[J]. Parmae, Alexandr Stocche, 4: 40.

RUSEK J, 1985. New palearctic *Lepidocyrtus* and *Pseudosinella* species (Collembola: Entomobryidae)[J]. Věstník Československé Společnosti Zoologické, 49: 132-146.

SCHÄFFER C, 1896. Die Collembolen der Umgebung von Hamburg und benachtbaren Gebeite[J]. Mittheilungen aus dem Naturhistorischen Musenm, 13: 147-216.

SZEPTYCKI A, 1973. North Korean Collembola. I. The genus *Homidia* Börner 1906 (Entomobryidae)[J]. Acta Zoologica Cracoviensia, 31: 23-40.

昆虫纲 Insecta

二、蜉蝣目 Ephemeroptera

张伟，马振兴，周长发
（南京师范大学生命科学学院，南京，210023）

特征：蜉蝣的外部形态比较特殊，与其他昆虫差别很大，如其稚虫腹部前 1～7 节背板都可能生长着按节排列的、成对的、常见为扁平的片状鳃。这种类型的鳃只在蜉蝣中存在，它们可能与胸部的翅具有同样的起源。无论是稚虫，还是亚成虫或成虫，蜉蝣身体的尾端都生长着 2～3 根较长的、分节的终尾丝（常长于体长），这在有翅昆虫中十分罕见。蜉蝣亚成虫与成虫的翅在停歇时竖立，不能像其他新翅类一样将翅折叠覆盖于体背。

生物学：蜉蝣的生活史有 4 个阶段，分别为卵、稚虫、亚成虫和成虫。稚虫由卵孵化后，在水中生活，用鳃呼吸；而亚成虫和成虫在陆地和空中生活，用气管呼吸，且都具翅能飞，故蜉蝣的发育过程为独特的原变态。蜉蝣成虫和亚成虫的口器都已退化，不具功能，故它们都不饮不食，一般只能存活数小时至几天。在中外古籍中，蜉蝣常被描述为“朝生暮死”。

分布：世界已知 42 科 400 余属 3000 余种，中国记录 23 科 74 属 300 余种，汗马保护区分布 5 科 7 属 8 种。研究标本保存于南京师范大学生命科学学院。

分科检索表（成虫）

1. 前足基部不具鳃丝残迹，前翅肘区（CuA-CuP）狭窄，不具闰脉，一系列横脉将 CuA 脉连接到翅后缘 2
- 前足基部不具鳃丝残迹，前翅肘区相对较大，其间具长闰脉 3

2. 两枚爪相似 .... 短丝蜉科 Siphlonuridae
- 两枚爪不同，一钝一尖 .... 栉颚蜉科 Ameletidae

3. 前翅 CuA 脉与 CuP 脉之间具 1 对闰脉，A 脉连接在翅后缘中部 .... 长爪蜉科 Metretopodidae
- 前翅 CuA 脉与 CuP 脉之间具数目不定的、排列不规则的闰脉 4

4. 前翅具明显的缘闰脉，尾铗第 2 节最长，前翅的 MA_2 脉与 MP_2 脉在基部与其基干连接，缘闰脉单根，相对较长 .... 小蜉科 Ephemerellidae

\- 前翅不具缘闰脉或缘闰脉不明显；尾铗第 1 节明显长于其他各节，端部各节非常短小 ………………………………………… 细裳蜉科 Leptophlebiidae

分科检索表（稚虫）

1. 腹部第 2 节无鳃，体背常具各种瘤突或刺状突起 ………… 小蜉科 Ephemerellidae
\- 腹部第 2 节具鳃. ……………………………………………… 2
2. 中后足的爪及跗节明显长于胫节，前足的爪分叉 ……… 长爪蜉科 Metretopodidae
\- 中后足的爪及跗节明显短于胫节 …………………………………… 3
3. 身体不呈小鱼状，较扁；腹部的鳃形状多样，但都为细长丝状或缘部具细小的缨毛 ………………………………………… 细裳蜉科 Leptophlebiidae
\- 身体呈小鱼状的流线型，背腹厚度一般明显大于身体宽度，鳃呈膜质片状，个体较大，一般大于 10mm ……………………………………… 4
4. 第 1 和第 2 对鳃两片；下颚端部不具刷状毛 ……………… 短丝蜉科 Siphlonuridae
\- 第 1 和第 2 对鳃单片，各鳃的外缘骨化并呈锯齿状，鳃表面具 1 条骨化线；下颚端部具 1 排刷状毛 ………………………………… 栉颚蜉科 Ameletidae

（三）栉颚蜉科 Ameletidae

特征：（稚虫）身体流线型，背腹厚度大于身体宽度；触角长度不及头宽的 2 倍；稚虫较大，一般大于 10.0mm。表面光滑。口器特化，左右下颚的端部均具有 1 排刷状毛；鳃 7 对，位于 1～7 腹节背侧面；鳃膜质片状，每对鳃均单片，一般呈卵圆形，形态较小，鳃前缘骨化呈锯齿状，而且鳃背面又具 1 条骨化线；跗节明显短于胫节；腹部各节的侧后角尖锐；3 根尾丝，有长而密的细毛，往往具有色斑，较粗，桨状。

（成虫）前翅长 8.0～14.0mm。雌成虫的体色较深。雄成虫的体色较浅，复眼较大，在头顶接触。前翅的 MP_2 脉与 CuA 脉基部不弯曲；成虫的前足长度约等于体长；后翅相对较大。前足基部不具鳃丝残迹，前足第 1 跗节长度为第 2 跗节长度的 1/3～1/2；各足具爪两枚，一钝一尖；两根尾须。前翅较窄，CuA 脉由一些横脉将其与翅的后缘相连；后翅相对较大，MA 脉的分叉点接近翅的中部。

分布：世界已知 2 属约 60 种，中国记录 1 属 5 种，汗马保护区分布 1 种。

5. 栉颚蜉属 *Ameletus* Eaton, 1885

特征：（稚虫）体长 6.0～14.0mm。下颚的端部具一排刷状毛；鳃单片，一般卵圆形，较小，前后缘往往都骨化，尤其是前缘，背面又具一条明显的骨化线；尾丝往往具色斑。

（成虫）前翅长 8.0～14.0mm。雌成虫的体色一般较雄成虫的体色深。复眼大，在头顶接触。雄成虫的前足长度约与体长相等，前足第 1 跗节长度为第 2 跗节长度的 1/3～1/2。各足具爪两枚，一钝一尖。

分布：全北区分布。世界已知 40 余种，中国记录 5 种，汗马保护区分布 1 种。

（8）赛河栉颚蜉 *Ameletus cedrensis* Sinitshenkova, 1977（图 2-1） 中国新记录种

特征：（稚虫，图 2-1）体长 10.0mm 左右，尾丝长 4.0mm 左右，触角长 1.5mm 左右。腹部花纹较多且独特。前胸背板中线处有 1 条明显的纵纹，呈浅黄色，中胸背板中线处有 1 条明显的浅黄色纵纹；各足均呈浅黄色，腹部褐色与浅黄色相间；尾丝 3 根，前端和后端呈浅黄色，中部呈黑色。

观察标本：30L，内蒙古大兴安岭汗马国家级自然保护区，波诺河桥，海拔 860m，2014.VII.30，史丽、田明润、朱雨轩、高雪峰、陈超。

分布：内蒙古；俄罗斯，蒙古国。

图 2-1　赛河栉颚蜉 *Ameletus cedrensis* Sinitshenkova, 1977 稚虫形态

（四）小蜉科 Ephemerellidae

特征：（稚虫）体较坚硬，背面常具各种瘤突或刺状突起；腹部第 1 节上的鳃很小，不易观察；第 2 节无鳃，其他鳃一般分背、腹 2 枚，背方的鳃为膜质片状，腹方的鳃常分为二叉状，每叉又分为若干小叶；第 3 或第 4 腹节上的鳃有时扩大而盖住后面的鳃；鳃背位；尾丝 3 根，具刺。

（成虫）体通常为红色或褐色，复眼上半部红色，下半部黑色；前翅翅脉较弱，MP_1、MP_2、CuA、CuP 间都具闰脉；尾铗第 1 节长不及宽的 2 倍，第 2 节长是第 1 节长的 4 倍以上，第 3 节较第 2 节短或极短；尾丝 3 根。

分布：世界已知 16 属 200 余种，中国记录 12 属 42 种，汗马保护区分布 2 属 3 种。

6. 弯握蜉属 *Drunella* Needham, 1905

特征：（稚虫）头部一般具额突。前足腿节内缘呈锯齿状，腿节背面具棱或瘤状突起。腹部背板具成对的棱或刺突，鳃位于第3～7腹节背板的两侧，分成背、腹两叶，前3对形状相似，背叶膜质单片，腹叶分成2叉；第4对鳃略小，腹叶分成8～10小叶，不分成2叉状；第5对鳃最小，形状与第4对鳃相似，但腹叶一般只分成4～5小叶。尾丝具细毛。

雄成虫外生殖器：尾铗第2节长度是基节长度的4倍以上，第3节的长度是宽度的2～4倍，第2节强烈弯曲或呈弓状；两阳茎叶愈合，不具任何突起。

分布：世界广布。世界已知31种，中国记录7种，汗马保护区分布1种。

（9）三刺弯握蜉 *Drunella triacantha* Tshernova, 1949（图2-2）

特征：（成熟稚虫）体长10.0～15.0mm。前额前缘弧状。前腿节前缘具钝齿；前胫节端部延伸很长。腹部背板具一些斑纹；尾丝上布满细毛。

（雄成虫）体长12.0～20.0mm。前足各跗节长度的排列顺序为2=3、4、5、1；中后足跗节很短。尾铗弯曲，第1节粗短，第2节最长且弯曲；第3节长度为宽度的3～4倍，阳茎叶愈合，端部圆钝，形成V形缺刻，阳茎基部略比亚端部细。

观察标本：20L2♀♀1♀亚，内蒙古大兴安岭汗马国家级自然保护区，中心管理站旁监测站溪流，海拔823m，2014.VII.30，史丽、田明润、朱雨轩、高雪峰、陈超。

分布：内蒙古、吉林、黑龙江；俄罗斯，蒙古国，日本，韩国。

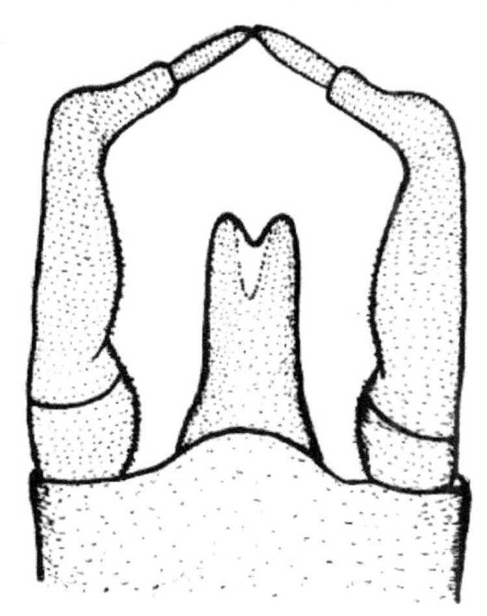

图2-2 三刺弯握蜉 *Drunella triacantha* Tshernova, 1949 雄性外生殖器

7. 小蜉属 *Ephemerella* Walsh, 1863

特征：（稚虫）下颚须发育正常，长度超过下颚内颚叶的一半；鳃位于腹部第3～7节，前3对形状相似，都分成背、腹两叶，背叶膜质，腹叶分成2叉状，每叉又分成许多小叶，第4、5对鳃较前3对鳃小，且腹叶不分成2叉状，仅分成若干小叶；尾丝各节上及节间具长细毛。

（雄成虫）尾铗第2节长度是第1节的4倍以上，第3节长度不及宽度的2

倍；阳茎叶基部愈合，端部分离，具刺。

分布：全北区、东洋区分布。世界已知 55 种，中国记录 3 种，汗马保护区分布 2 种。

（10）奥氏小蜉 *Ephemerella aurivillii* Bengtsson, 1909（图 2-3）

特征：（稚虫）雄虫体长 5.8～6.7mm，雌虫体长 6.0～7.0mm，下颚须长度排列顺序为 1、2、3；爪内侧有 9 个小齿；腹部第 3～8 节的背部各有 1 对突起，第 3～9 节的两侧均有向后突起的棘刺，鳃 5 对，位于腹部第 3～7 节背部的两侧；尾丝 3 根，近乎等长。

（雄成虫）体长 5.5～6.5mm，前翅长 6.0～7.0mm；前足腿节、胫节、跗节之比为 5：8.8：8.3，跗节长度的排列顺序为 2、3、4、5、1；后足跗节 4 节；爪为异形爪；尾铗 3 节，基节短而宽，第 2 节最长，端节长度不及宽度的 2 倍；阳茎基本呈柱形，顶端与基部几乎等宽；端部呈 V 形分开，基部愈合，阳茎叶背腹面有针状的刺；端部侧缘略向外突起；两阳茎叶之间常具一些分泌物而使阳茎端部形状不显。

观察标本：1L，内蒙古大兴安岭汗马国家级自然保护区，中心管理站旁监测站溪流，海拔 823m，2014.VII.30，史丽、田明润、朱雨轩、高雪峰、陈超。

分布：内蒙古、吉林、黑龙江；挪威，瑞典，芬兰，俄罗斯，蒙古国，日本，韩国，美国，加拿大。

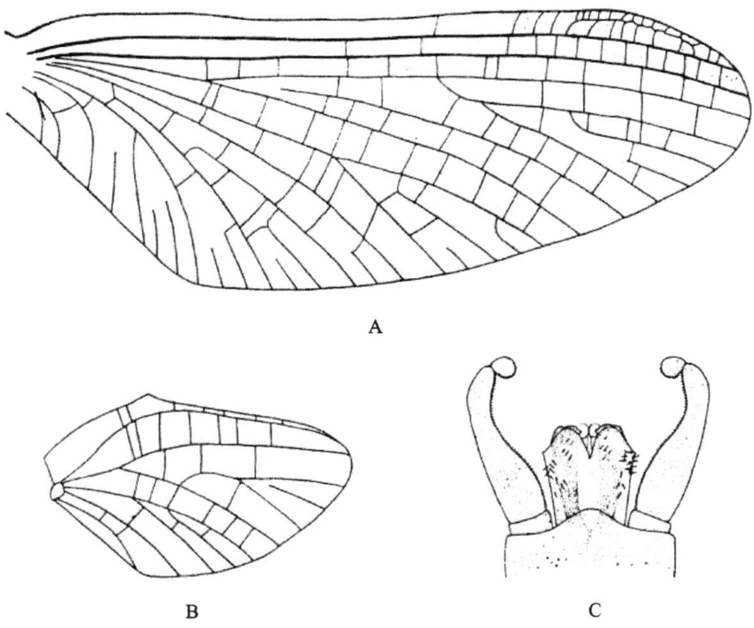

A—前翅；B—后翅；C—外生殖器（腹面观）。

图 2-3 奥氏小蜉 *Ephemerella aurivillii* Bengtsson, 1909 雄成虫

(11) **爱宕山小蜉** *Ephemerella atagosana* Imanishi, 1937 (**图 2-4**)

特征：（成熟稚虫）体长 8.0～9.0mm。下颚须 3 节。爪上具 8～10 个齿。腹部第 2～9 节背板近中部各具 1 对突起；第 2～3 节和第 8～9 节上的突起小，中间几节的突起大而明显，各突起表面又具微小刺突。

（雄成虫）尾铗 3 节，第 1 节和末节十分短小，第 2 节平直。两阳茎几乎完全合并，只在后缘有 1 个浅缺刻；阳茎侧面呈小波浪状，在近中部有 1 个收缩。

观察标本：10L，内蒙古大兴安岭汗马国家级自然保护区，中心管理站旁监测站溪流，海拔 823m，2014.VII.30，史丽、田明润、朱雨轩、高雪峰、陈超。

分布：内蒙古、黑龙江；俄罗斯远东地区，朝鲜，韩国。

图 2-4　爱宕山小蜉 *Ephemerella atagosana* Imanishi, 1937 稚虫

（五）细裳蜉科 Leptophlebiidae

特征：（稚虫）体长一般在 10.0mm 以下；身体大多扁平；下颚须与下唇须 3 节；鳃 6 或 7 对，除第 1 对和第 7 对可能变化外，其余各鳃端部大多分叉，具缘毛，形状多样，一般位于体侧，少数位于腹部；尾丝 3 根。

（成虫）体长一般在 10.0mm 以下；MP_2 脉与 CuA 脉之间无闰脉，CuA 脉与 CuP 脉之间具 2～8 根闰脉；雄成虫前足跗节 5 节，中后足跗节 4 节，而雌成虫的各足跗节均为 4 节。尾铗 2～3 节，一般 3 节，第 3 节远短于第 2 节；阳茎常具各种附着物；尾丝 3 根。

分布：世界已知超过 141 属 600 余种，中国记录 9 属 32 种，汗马保护区分布 2 属 2 种。

8. 宽基蜉属 *Choroterpes* Eaton, 1881

特征：（稚虫）前口式，鳃 7 对，第 1 对鳃丝状，单枚；第 2～7 对鳃相似，基本呈片状，后缘分裂为 3 枚尖突状。

（成虫）前翅的 Rs 分叉点离翅基的距离为离翅缘的距离的 1/3，MA 脉的分叉点近中部，MA 脉呈对称性分叉；Rs 脉的分叉点与 MP 脉的分叉点离翅基的距离相等。后翅的前缘突圆钝，大约位于后翅前缘的中部。尾铗的基部一般粗大。

分布：世界广布。世界已知超过 30 种，中国记录 11 种，汗马保护区分布 1 种。

（12）阿勒泰宽基蜉 *Choroterpes altioculus* Kluge, 1984 中国新记录种

特征：（稚虫）体长 8.0mm，尾丝长 7.0mm；头前口式，口器各部分都具浓密细毛；鳃 7 对，第 1 对鳃单枚，丝状；第 2～7 对鳃各分为 2 枚，每枚端部又分为细长的三叉状，鳃内气管及其分支黑色十分明显；腹部背板棕色，具不规则浅色斑，但各节背板近中央处色浅。

（雄成虫）体长 7.0mm，尾丝 16.0mm；前翅透明，但翅基具深色斑纹，后翅是前翅的 1/8，前缘突位于后翅近中部，不明显；尾铗 3 节，末两节短小；基部长而明显，且向内强烈弯曲，基节的基部强烈膨大，形成明显的关节状；两阳茎分离，各阳茎叶向后延伸成细长状；阳茎的长度只略短于尾铗，大而明显。

观察标本：1L，内蒙古大兴安岭汗马国家级自然保护区，中心管理站旁监测站 100m 溪流，海拔 831m，2014.VII.29，史丽、田明润、朱雨轩、高雪峰、陈超。

分布：辽宁、内蒙古；俄罗斯，韩国，日本。

9. 拟细裳蜉属 *Paraleptophlebia* Lestage, 1917

特征：（稚虫）下口式，鳃 7 对，单枚，分为二叉状，分叉基本到达基部。上唇中央凹陷浅。

（成虫）雄成虫前翅 Rs 脉的分叉点较 MP 的分叉点离翅基的距离远；CuA 脉与 CuP 脉之间具 2 根长闰脉；生殖下板中央强烈凹陷，尾铗 3 节，基节的基部膨大；阳茎叶腹面各具 1 个长的先向前方再向侧方伸展的突出物。雌成虫体色一般为红褐色，第 9 腹板中央强烈凹陷。

分布：古北区、新北区分布。世界已知 54 种，中国记录 5 种，汗马保护区分布 1 种。

（13）弯拟细裳蜉 *Paraleptophlebia curvata* Ulmer, 1927（图 2-5）

特征：（稚虫）体黑色；头下口式；鳃分叉到基部，有明显气管；各枚鳃形状类似，分为二叉状，缘部都具细缨毛。

（雄成虫）体长 6.5mm，尾丝长 8.0mm；MP 脉的分叉点距翅基的距离较 Rs 脉的分叉点距翅基的距离要近，CuA 脉与 CuP 脉之间具 3 根闰脉及 2 根横脉；尾铗 3 节，基节的基部膨大，在背面形成 1 个瘤状突出，向腹面弯曲，末两节短小；阳茎基部愈合，端部的内侧部向后方突起呈尖锐状，外侧具 1 突起；尾丝 3 根，白色。

观察标本：30L，内蒙古大兴安岭汗马国家级自然保护区，中心管理站旁监测站 100m 溪流，海拔 823m，2014.VII.29～30，史丽、田明润、朱雨轩、高雪峰、陈超。

分布：内蒙古、河南；俄罗斯，挪威，芬兰，瑞典，蒙古国。

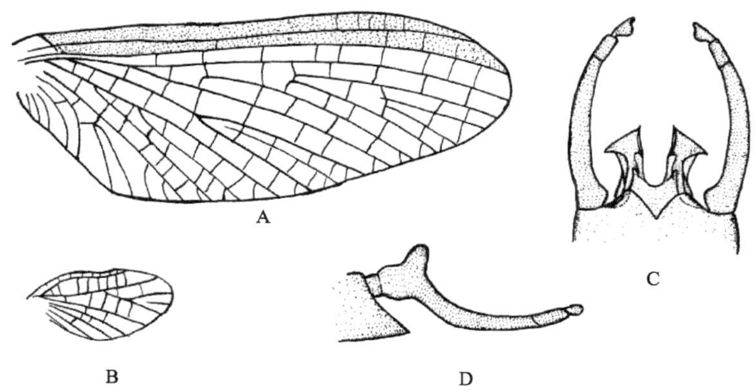

A—前翅；B—后翅；C—外生殖器腹面观；D—尾铗侧面观。

图 2-5 弯拟细裳蜉 *Paraleptophlebia curvata* Ulmer, 1927 雄成虫

（六）长爪蜉科 Metretopodidae

特征：（稚虫）身体呈流线型或鱼形；跗节长于胫节。前爪分二叉，中后足的爪较细长，长度大于胫节；尾丝 3 根，中尾丝的两侧及尾须的内侧密生细毛。

（成虫）前翅 CuA 脉与 CuP 脉间具 1～4 根闰脉（MP_2 脉在基部向后弯曲，与 MP_1 的基部远离）；翅痣区的横脉分叉；前跗节长度约为胫节的 3 倍，后足跗节 4 节；各足上的 2 枚爪形状不同；尾丝 2 根。

分布：世界已知 3 属约 13 种，中国记录 2 属 4 种，汗马保护区分布 1 种。

10. 长爪蜉属 *Metretopus* Eaton, 1901

特征：（稚虫）身体流线型或小鱼状；跗节长于胫节。前爪浅分二叉，中后足的爪细长，长度大于胫节；上唇具明显的缺刻；下唇须端节端部圆形；第 3～7 腹节的侧缘具刺和细毛。

（成虫）前翅的 CuA 脉与 CuP 脉之间具 1 对长闰脉；后足跗节 4 节；阳茎明显分离。

分布：古北区分布。世界已知 10 余种，中国记录 3 种，汗马保护区分布 1 种。

（14）傲特长爪蜉 *Metretopus alter* Bengtsson, 1930（图 2-6）

特征：（稚虫）体长 14.0～16.0mm；尾丝长 5.0～6.0mm；身体呈深黄色。前胸背板中线处有 1 条浅黄色纵纹，前缘中部和后缘中部颜色较深，呈褐色；中胸背板剧烈隆起，中央有 1 条浅黄色中线，两侧有深黄色纵纹；中胸背板后缘中线两侧各有 1 个褐色斑点。胸部腹板浅黄色，无隆起结构；各足均呈浅黄色；前足腿节较长，爪 2 枚，1 长 1 短；中后足的各节比例和前足类似，爪 1 枚，较长。

（成虫）雌、雄成虫尾丝白色，有黑色环状斑纹；尾铗 4 节，第 1 节较短，第 2 节最长，约为第 1、3、4 节长度之和，阳茎较长，两阳茎叶底端愈合，上端有缝，左右两侧突出，末梢强烈凸起；生殖下板后边缘相对较平。雌性生殖下板较长，呈圆形。

观察标本：15L，内蒙古大兴安岭汗马国家级自然保护区，中心管理站旁监测站 100m 溪流，海拔 823m，2014.VII.30，史丽、田明润、朱雨轩、高雪峰、陈超。

分布：内蒙古、吉林；挪威，芬兰，俄罗斯，蒙古国。

图 2-6　傲特长爪蜉 *Metretopus alter* Bengtsson, 1930 稚虫形态

（七）短丝蜉科 Siphlonuridae

特征：（稚虫）体大型；爪一般较长；鳃 7 对，单片或双片状，位于第 1～7 腹节背侧面；腹部第 1 和第 2 对鳃具两片；鳃较大，一般呈椭圆形或卵圆形，密布气管。下颚端部无刷状毛；体表光滑，身体呈流线型，背腹厚度大于身体宽度；触角的长度不及头宽的 2 倍；腹部各节的侧后角尖锐；尾丝 3 根（中尾丝可能短于尾须），较粗，有长而密的细毛，桨状。

（成虫）前翅较窄，前翅的 MP_2 脉与 CuA 脉基部不弯曲，MP 脉在基部或者近中部分叉，MP 区狭长，CuA 脉由一些横脉将其与翅的后缘相连；后翅相对较大，MA 脉的分叉点接近翅的中部；前足基部不具鳃丝，尾须 2 根。

分布：世界已知 4 属约 49 种，中国记录 1 属 5 种，汗马保护区分布 1 种。

11. 短丝蜉属 *Siphlonurus* Eaton, 1868

特征：（稚虫）体长 9.0～20.0mm，爪通常较长，腹部第 1～2 对鳃双片，有时 7 对鳃都为双片，鳃一般较大且密布气管。

（成虫）体色一般较深，复眼较大且在头顶接触，前足长度与体长近似相等，第 1 跗节长度为第 2 跗节长度的 3/4 至几乎等长，后翅 MP 脉在近中部分叉，阳茎通常复杂，具各种附属物。

分布：古北区、新北区分布。世界已知 20 余种，中国记录 5 种，汗马保护区分布 1 种。

（15）超众短丝蜉 *Siphlonurus immanis* Kluge, 1985（图 2-7）

特征：（稚虫）体长 15.0～20.0mm，尾丝长 6.0～8.0mm；体色呈深褐色。前胸背板深褐色，背板中间颜色较深，两侧呈黄色；中胸背板剧烈隆起，中间有 1 条浅黄色条纹，一直延伸至头部，腹部背侧第 1～9 节外侧有刺，腹部背侧有大量的鳃脉式的花纹；前 2 对鳃双片，第 1 对鳃的内侧片小于外侧片，且内侧片中央深度缺刻。

（雄成虫）体长 13.0～15.0mm，前翅长 14.0～16.0mm，后翅长 5.0～6.0mm，前后翅均透明，整体呈淡黄色；前足大于体长。尾铗共 4 节，第 1 节的内缘突出，基节膨大，第 2 节最长，第 3、4 节较短；阳茎略微突出于生殖下板，左右阳茎叶分开。阳茎内侧边缘有刺；阳茎叶端部向内侧略弯曲。

观察标本：70L，内蒙古大兴安岭汗马国家级自然保护区，中心管理站旁监测站溪流，海拔 823m，2014.VII.30～31，史丽、田明润、朱雨轩、高雪峰、陈超。

分布：内蒙古、吉林；俄罗斯，韩国。

A　　B

A—稚虫；B—雄成虫（上），雌成虫（下）。

图 2-7　超众短丝蜉 *Siphlonurus immanis* Kluge, 1985 形态

参 考 文 献

尤大寿，归鸿，1995. 中国经济昆虫志（第四十八册）蜉蝣目[M]. 北京：科学出版社.

周长发，苏翠荣，归鸿，2015. 中国蜉蝣概述[M]. 北京：科学出版社.

ALLEN R K, 1971. New Asian *Ephemerella* with notes (Ephemerellidae)[J]. Canada Entomology, 103: 512-528.

GOSE K, 1980. The mayflies of Japanese. Key to families, genera and species[J]. Aquabiology (Nara), 2(5): 366-368. [In Japanese].

ISHIWATA S, 2001. A checklist of Japanese Ephemeroptera[C]//BAE Y J. The 21st Century and Aquatic Entomology in East Asia (Proceedings of the 1st Symposium of Aquatic Entomologists in East Asia). Seoul: The Korean Society of Aquatic Entomology Korea: 55-84.

KLUGE N J, 1984. Mayflies of the subgenus *Euthraulus* Barn. (Ephemeroptera, Leptophlebiidae, genus *Choroterpes*) of the fauna of the USSR[J]. Entomologicheskoe Obozrenie, 63(4): 722-728.

KLUGE N J, 1996. The Palaearctic Metretopodidae, with description of a new genus and species from Siberia (Ephemeroptera)[J]. Zoosystemastica Russica, 4(1): 76-80.

KLUGE N J, 1997. Order mayflies-Ephemeroptera[M]//TSALOLIKHIN S J. Key to freshwater invertebrates of Russia and adjacent lands Vol. 3. Arachnids and lower insects. Saint-Petersburg: Zoological Institute, Russian Academy of Sciences:176-220[In Russian].

TSHERNOVA O A, KLUGE N J, SINITSHENKOVA D, et al., 1986. Order Ephemeroptera (mayflies)[M]//LEHR P A. Key to the insects of the USSR Far East. Vol. 1. Leningrad: Nauka: 99-142[In Russian].

WANG S L, XIE H, CHEN P, et al., 2009. Diversity and biogeography of mayflies in northeast Asia (Insecta, Ephemeroptera)[J]. Acta Zootaxonomica Sinica, 34 (2): 193-198.

三、襀翅目 Plecoptera

李卫海[1]，张单[2]

（1. 河南科技学院，新乡，453003；2. 北京林业大学生态与自然保护学院，北京，100083）

（八）绿䗛科 Chloroperlidae

特征：中小型，体鲜绿色或黄绿色，亦有黑褐色类群，体背面常有纵向色斑。前胸背板卵圆形，足第 1～2 跗节短但约等长，第 3 跗节长。后翅臀区小。尾须多节但短于体长。

分布：世界已知 18 属 110 余种，中国记录 4 属 21 种，汗马保护区分布 1 科 1 属 2 种。

12. 钩绿䗛属 *Suwallia* Ricker, 1943

特征：体小型至中型，成虫一般黄色至黄褐色，体背常有深色斑或纵带。头部常有明显色斑，单眼 3 个；雄虫腹部背板的条纹较窄，至少延伸至腹部中间，第 10 节背板的半背片突向中部，呈弯曲的指状凸（该属这个特征与绿䗛亚科其他属有明显不同）。

分布：古北区、东洋区、新北区分布。世界已知 25 种，中国记录 4 种，汗马保护区分布 2 种。

分种检索表

1.（雄）头部无斑；前胸背板淡色，前缘和侧缘褐色，腹部背板上的梯形条纹延伸至第 8 背板后缘……………………………………………………黑缘钩绿䗛*Suwallia decolorata*

-（雄）头部的单眼三角区有 1 个方形斑，额区有 2 个褐色斑；前胸背板侧缘和中部有纵向的黑色条纹，腹部背板上的条纹延伸至第 8 背板后缘……………………………………………………………………………………………………龟斑钩绿䗛*Suwallia talalajensis*

（16）黑缘钩绿䗛*Suwallia decolorata* Zhiltzova & Levanidova, 1978（图 3-1）

特征：（雄）前翅长 7.4～7.7mm，头白色无斑，前胸背板淡色，前缘和侧缘褐色，腹部背板上的梯形条纹延伸至第 8 背板后缘。第 9 背板后缘略向后凸，凸起中部有浅凹，第 10 背板中间细长，有三角骨片，半骨片突指状较典型，覆盖着细毛，肛上突有毛，外翻前的阳茎有明显钩状骨片，三角形的刺形成 1 个 T 形结构，T 形结构的前缘平直或呈浅 V 形，基部的腹叶大，近正方形，表面有许多小刺，后侧角的刺较大。

（雌）前翅长 9.8～10.2mm，腹部背板上的条纹延伸至第 7 背板，下生殖板宽大，基部宽大附着在第 8 腹板上，向端部逐渐变窄，端部半圆形，后缘伸达第 9 背板后缘，肛上突小三角形。

（老熟稚虫）体长（不包括触角和尾须）8.8～9.3mm，体色黄褐色至褐色，头褐色，M 线模糊，复眼和单眼水平位置较接近，端部有 1 个小刺，长度约为外颚叶外缘的 1/4，内侧大约有 30 根鬃毛，端半部的鬃毛较粗壮，右上颚仅内缘中部有 1 列鬃毛。

前胸背板前缘和后缘刚毛：四角的刚毛较为明显密集，前缘中部没有刚毛，前足基节的侧缘有 1 根较长的刚毛，足的股节和跗节的后缘有细毛列，股节部位的毛长且紧密。绿蜻科翅芽较为典型，后缘与身体的中轴有 1 角度，外缘略微凸出，胸腹板呈 Y 形脊，中干较长，侧臂伸达叉形凹陷的后角，胸部腹板有明显密集的刻点。

腹部的第 8 背板和第 9 背板的后缘毛列中部间断，尾须 15 节，第 1～5 节宽大于长，其余各节长大于宽，逐渐变细长，尾须中后部各节的端毛直立，各节约等长。

观察标本：82♂♂107♀♀205L，内蒙古大兴安岭汗马国家级自然保护区，中心管理站，波诺河桥边，2014.VIII.1，史丽、田明润、朱雨轩、高雪峰、陈超。

分布：内蒙古；俄罗斯。

（17）龟斑钩绿蜻*Suwallia talalajensis* Zhiltzova, 1976（图 3-2）

特征：（雄）头淡白色，单眼三角区有 1 个方块斑，额区有两个褐色斑，前胸背板侧缘和中部有纵向的黑色条纹，腹部的条纹延伸至第 8 背板后缘。第 9 背板

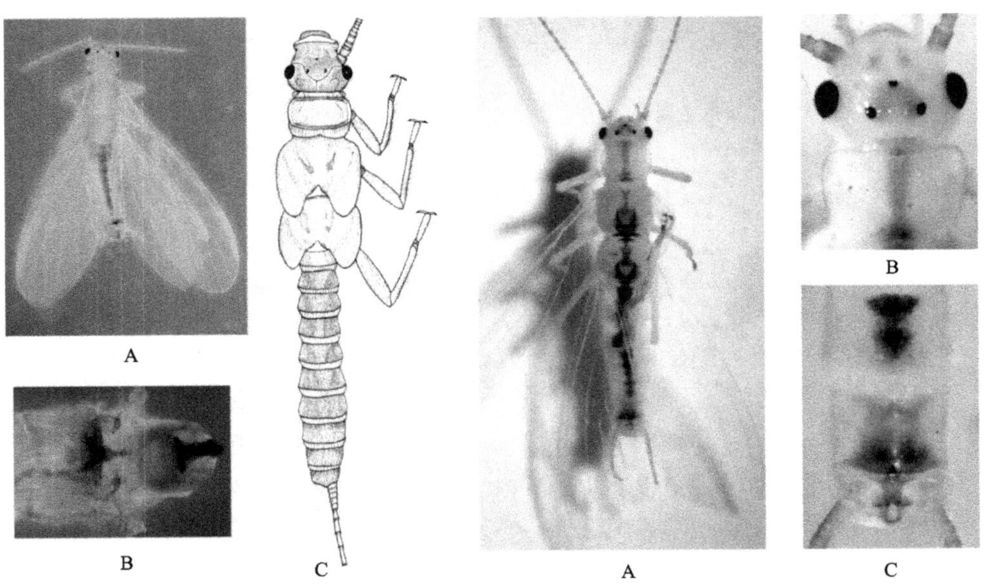

A—雄成虫背面观；B—雄外生殖器背面观；C—稚虫背面观。

图 3-1 黑缘钩绿蜻*Suwallia decolorata* Zhiltzova & Levanidova, 1978（仿 Li *et al.* 2016）

A—雄成虫背面观；B—雄成虫头和前胸背板背面观；C—雄外生殖器背面观。

图 3-2 龟斑钩绿蜻*Suwallia talalajensis* Zhiltzova, 1976（仿 Li *et al.* 2016）

中部有棕色至深棕色斑，后缘有三角形突起，第 10 背板中部有 1 个骨化的海龟状区域，延伸到肛上突基部，肛上突两侧各有 1 个较大的纵向骨片，半背片突较直向后弯，肛上突表面有细毛，阳茎膜质没有明显的刚毛，基部粗大，两侧区平行，端部向上弯曲大约呈三角形，侧面观呈鸟喙状。

雌性未知。

观察标本：1♂，内蒙古大兴安岭汗马国家级自然保护区，中心管理站波诺河桥边，2014.VIII.1，史丽、田明润、朱雨轩、高雪峰、陈超。

分布：内蒙古；俄罗斯。

参 考 文 献

ALEXANDER K D, STEWART K W, 1999. Revision of the genus *Suwallia* Ricker (Plecoptera: Chloroperlidae)[J]. Transactions of the American Entomological Society, 125(3): 185-250.

CHEN Z T, DU Y Z, 2016a. A new species of *Suwallia* (Plecoptera: Chloroperlidae) from China[J]. Zootaxa, 4018(2): 297-300.

CHEN Z T, DU Y Z, 2016b. Two new species of *Haploperla* (Plecoptera: Chloroperlidae) from China[J]. Zootaxa, 4196(3): 415-422.

DEWALT R E, MAEHR M D, NEU-BECKER U, et al., 2015. Plecoptera species file. Version 5.0/5.0[DB/OL]. http://plecoptera.speciesfile.org.

LEVANIDOVA I M, ZHILTZOVA L A, 1976. Vesnianki (Plecoptera) Chukotkogo poluostrova. Presnovodnaia fauna Chukotkogo poluostrova, Akademia Nauk SSSR Trudy Biologo-pocvenogo Instituta[J]. Vladivostok, 36(139): 15-37.

LI W H, MURÁNYI D, SHI L, 2015. New species records of *Suwallia* Ricker, 1943 (Plecoptera: Chloroperlidae) from China, with description of the nymph of *S. decolorata* Zhiltzova & Levanidova, 1978[J]. Zootaxa, 3994(4): 556-564.

ZHILTZOVA L A, LEVANIDOVA I M, 1978. Novie vidi vesnianok (Plecoptera) s Dalnego Vostoka[J]. Novie Vidi Zivotnih, Akademia Nauk SSSR Trudy Zoologiceskogo Instituta, 61: 3-29.

四、毛翅目 Trichoptera

孙长海
（南京农业大学植物保护学院，南京，210095）

特征：成虫俗称石蛾，体与翅面多毛，故名毛翅目。小至中型，体长2～40mm，形似鳞翅目蛾类，柔弱。体色一般为褐色、黄褐色、灰色、烟黑色，亦有较鲜艳的种类。头小，能自由活动。复眼大而左右远离，单眼3个或无。触角丝状，多节，基部2节较粗大。咀嚼式口器，但较退化。翅2对，有时雌虫无翅，翅脉接近假想昆虫脉序。足细长，跗节5节，爪1对。腹部10节；雌虫第8节具下生殖板，一般无特殊的产卵器；雄虫第9节外生殖器裸露。

幼虫蛃型或亚蠋型，体长2～50mm，生活于各类清洁的淡水中，如清泉、溪流、泥塘、沼泽及较大的湖泊、河流等，常筑巢于石块缝隙中，故又名石蚕。咀嚼式口器，有吐丝器。头顶具Y形蜕裂线。胸足3对，发达。腹部仅具1对臀足，各足具爪1个，腹部侧面有气管鳃。裸蛹，上颚发达，腹部腹面常有气管鳃，末端常有1对臀突。

生物学：毛翅目昆虫广泛分布于世界各生物地理区域，是水生昆虫中最大的类群之一，在淡水生态系统的能量流动中起重要的作用。许多种类对水质极敏感，近30年来已被用作水质生物监测的重要指示生物。

分布：世界已知13000余种，中国记录1400余种，汗马保护区分布4科7属9种。研究标本保存在南京农业大学和内蒙古农业大学。

（九）幻石蛾科 Apataniidae

特征：体小型。头较窄，两侧向外方膨大。复眼小。下颚须略发达。胫距式1-2-2或1-2-4。翅中等大，雌雄翅相似。翅脉完全，五叉俱全。前翅Sc脉终止于C脉与R_1脉之间的横脉，横脉列呈不规则的线状，分径室短而略上曲；第I叉和第III叉窄或尖。后翅分径室开放，第I叉短。第5腹节腹板有时两侧向背方延伸成1对突起，称为第5腹节腹板突。雄外生殖器常具4～5对肢状突起。肛前附肢小，卵形，有时与上附肢愈合或消失；上附肢发达，其原始形状为二分裂，但在一些高等种类中不分裂，或呈各种独特形状；中附肢常缩小，有时愈合成单一粗大的附肢；下分支常缺，仅少数种例外；下附肢发达，分两节，基部与第9腹节相连，基节的原始形状为圆柱形，端节形状多变。

分布：东洋区、古北区、新北区、新热带区分布。世界已知18属约200种，中国记录4属33种，汗马保护区分布1属1种。

13. 闭室幻石蛾属 *Apataniana* Mosely, 1936

特征：头宽于胸，复眼较小，具单眼。下颚须雄虫 3 节，第 3 节长于前两节，雌虫 5 节，第 4 及第 5 节短，两者之和最多与第 3 节等长。触角细长，稍短于前翅，柄节被密毛。前胸具 1 对中毛瘤和 1 对侧毛瘤，中胸背板及小盾片各具 1 对毛瘤。胫距式 1-2-2 或 1-2-4，少数种类 1-2-3；端前距小，位于胫节近端部；第 1 跗节长，近等于其余跗节长之和；前跗节腹面无黑刺。雌雄虫前翅翅脉相似，具 c-r 横脉，Sc 脉终止于该横脉；翅痣不显著，分径室长于或等于其柄长，具 4 叉，第 III 和第 V 叉在有些种类中具短柄。后翅分径室闭锁，长于或等于其柄。雄外生殖器：第 9 节环状，中部宽，背面强烈缩窄呈带状。肛前附肢与第 10 节的外分肢愈合为上附肢，强烈骨化，中附肢明显，强烈骨化，其长度在不同种间有差异。第 10 节三角形。下附肢长，2 节。阳具三叉形，阳基侧突着生于阳茎背面，骨化且具齿；阳基鞘延长，阳茎稍腹向弯曲。

分布：古北区、东洋区分布。世界已知 15 种，中国记录 3 种，汗马保护区分布 1 种。

（18）多刺闭室幻石蛾 *Apataniana spinosa* Yang & Tao, 2011（图 4-1）

特征：雄虫体长 5.0～6.0mm，前翅长 9.6～9.8mm；雌虫体长 5.5～8.5mm，前翅长 8.0～12.0mm。体褐黄色。雌虫触角褐黄色，雄虫触角基部 1/3 深褐色，向端部色渐浅，顶端黄白色；雌、雄虫触角末端数节基部收缩，略呈锯齿状。胸部背面近黑褐色，中胸后盾片前缘具黄色飞鸟状横带。胸足距式 1-2-2。后翅臀区较宽大，具完整的 I、II、III、V 叉，分径室封闭，关闭明斑室的中肘横脉 m-cu 极

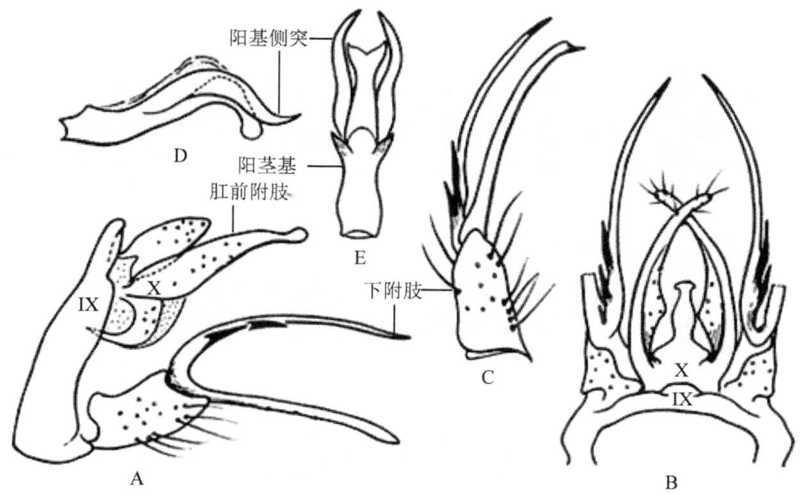

A—侧面观；B—背面观；C—左下附肢腹面观；D—阳茎侧面观；E—阳茎腹面观。

图 4-1　多刺闭室幻石蛾 *Apataniana spinosa* Yang & Tao, 2011 雄外生殖器

短，使 M_{3+4} 在近基部处与 Cu_1 主干极其接近。雄外生殖器：第 9 节短，背区呈狭窄带状。肛前附肢背、腹扁，侧面观长棒状，约为第 10 背板的 2 倍长，近基部 1/3 处最宽，向端部渐收窄，末端扁平圆形；背面观附肢弯曲呈广弧形，末端相互交叉。第 10 节背板纵扁，背面观基部宽，端部 2/3 收窄呈花瓶形，亚端部具瓶颈状缢缩。下附肢 2 节，基节圆柱形，端节深裂成背、腹两肢，背面观呈相向的弧状弯曲；腹肢简单，顶端具尖刺，指向内侧；背肢略细，顶端尖细，基部具 2～3 个黑色粗刺。阳茎侧面观呈拱桥形；阳基侧突 1 对，基部 2/3 粗壮，沿阳茎鞘下曲，端部 1/3 向上翘起，末端尖。

观察标本：1L，内蒙古大兴安岭汗马国家级自然保护区，中心管理站 100m 溪流，2014.VII.29，海拔 831m，史丽、田明润、朱雨轩、高雪峰、陈超。

分布：内蒙古。

（十）舌石蛾科 Glossosomatidae

特征：成虫具单眼；下颚须第 1～2 节粗短，第 2 节呈圆球形，第 5 节末端具针刺突。头顶及前胸背板毛瘤彼此远离；雄虫中胸背板毛瘤狭长，位于盾片前缘中央，呈倒“八”字形。胫距式 0～2-4-3～4。雌虫中足胫节和跗节宽扁；腹部末端具可伸缩的套叠式产卵管。

分布：广布各动物地理区。世界已知约 20 属 500 余种，中国记录 5 属 48 种，汗马保护区分布 1 属 1 种。

14. 舌石蛾属 *Glossosoma* Curtis, 1834

特征：体形中等。雄虫前足内端距具爪垫，前翅臀脉延长或缩短，并有程度不同的增厚或弥散区，形成各种类型的厚皮斑。雌虫中足扁平。胫节距式 2-4-4。腹部第 5、6 节腹板中央具叶状或圆柱形突起，该结构在雄虫中尤其发达。

分布：全北区、东洋区分布。世界已知 143 余种，中国记录 35 种，汗马保护区分布 1 种（幼虫）。

（19）舌石蛾 *Glossosoma* sp.

观察标本：1L，内蒙古大兴安岭汗马国家级自然保护区，中心管理站旁监测站溪流，海拔 823m，2014.VII.30，史丽、田明润、朱雨轩、高雪峰、陈超。

分布：内蒙古。

（十一）沼石蛾科 Limnephilidae

特征：成虫具单眼。雄虫下颚须 3 节，雌虫 5 节。中胸背板的毛分散在 2 个长形毛域或 1 对毛瘤上；中胸小盾片中央具 1 个长卵圆形毛瘤，或具 1 对小毛瘤。

胫距式（0～1）-（1～3）-（1～4）。翅具闭锁的分径室，缺中室；前翅臀脉合并部分等于或长于第 1 臀室数分室的总长，后翅通常较前翅宽。

幼虫触角位于头壳前缘与眼的中央；前胸背板通常不侧向加厚，具前腹角。中胸背板完整，后胸背板由 2～3 个小骨片组成。腹部气管鳃分支或不分支，或缺。幼虫取食细小食物屑粒，有些种类刮食石块上的藻类及其他有机物颗粒。

分布：多数种类分布于全北区的寒冷地带，少数分布于东洋区北部，极少数分布于大洋洲与非洲区。世界已知 4 亚科 100 属 1000 余种，中国记录 20 属 96 种，汗马保护区分布 4 属 5 种。

分属检索表

1. 前后翅沿 R_5 脉具 1 条深褐色条带 .... 褐带沼石蛾属 *Grammotaulius*
- 前后翅不具上述条带，至多前翅基部深色 2
2. 后翅 R_1 脉与 Sc 脉在伸达翅缘前愈合 .... 合脉沼石蛾属 *Hydatophylax*
- 后翅 R_1 脉与 Sc 不愈合 3
3. 前翅外缘弧形不斜截，雄外生殖器具 3 对以上肢状突起 .... 双序沼石蛾属 *Dicosmoecus*
- 前翅外缘多少斜截，雄外生殖器具 3 对肢状突起 .... 沼石蛾属 *Limnephilus*

15. 双序沼石蛾属 *Dicosmoecus* McLachlan, 1875

特征：体较大，复眼突出，单眼大。头、胸部背面被毛，胸部侧面具毛，胫距式 1-3-4。翅褐色，具斑纹。前翅窄，分径室 4 倍于其柄长或更长，横脉列断线状；后翅臀区发达，分径室长，第 I～III 叉基部窄。雄外生殖器：第 9 节短，侧面观下附肢着生外深凹。第 10 节大而明显。肛上附肢缺，或与第 10 节的外枝愈合，第 10 节内枝卵圆形，下枝与内枝近等长，侧向。下附肢粗壮，第 1 节近长椭圆形，第 2 节短于第 1 节，端部突然变窄。阳基陷长，内茎鞘长，阳茎细长，骨化，阳基侧突长而尖，基半部与阳茎愈合。

分布：古北区、新北区分布。世界已知 6 种，中国记录 1 种，汗马保护区分布 2 种（包括待鉴定种 1 种）。

（20）矫双序沼石蛾 *Dicosmoecus jozankeanus* (Matsumura, 1931)（图 4-2）

特征：前翅长 19～22mm。体淡褐色。头部红褐色，具淡色毛；触角褐色，具淡色短毛。胸部红褐色，足基部各节黄色，胫节与跗节颜色稍加深，胫距式 1-3-4；前后翅脉较翅膜处颜色稍加深。雄外生殖器：第 9 节侧面观前缘中部向前方突出，后缘于下附肢着生处凹入；背面观前缘直，后缘波状，两侧稍膨大。第 10 节侧面观近四边形，背缘端部稍收缩；背面观端部稍呈双叶状，基部与第 9 节连接处宽。第 10 节外肢侧面观棒状、略弯曲，其下方的基腹突短小、直；下肢基部四边形，端部呈指状。下附肢侧面观第 1 节近四边形，第 2 节基部略窄于第 1 节端部，端部 2/3 处突然变窄。阳基鞘粗壮，管状；内茎鞘膜质；阳基侧突基部与内茎鞘愈合，亚端部、端部具刺突；阳茎细管状，亚端部稍缢缩。

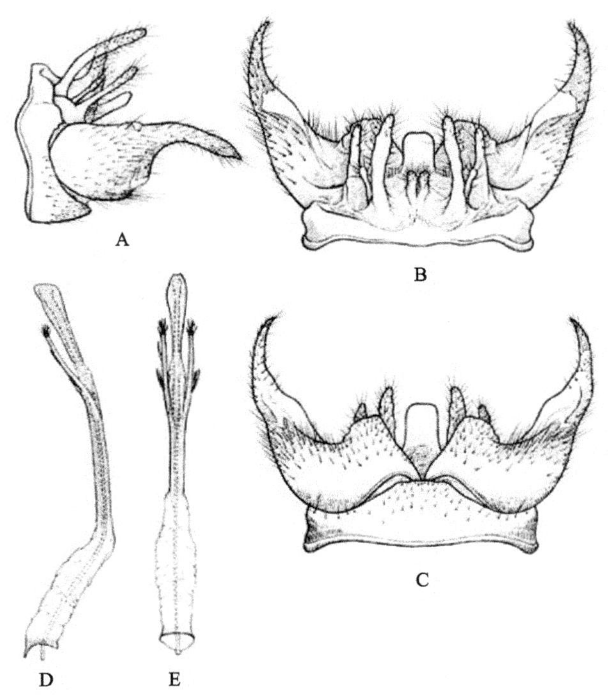

A—侧面观；B—背面观；C—腹面观；D—阳茎侧面观；E—阳茎背面观。

图 4-2　矫双序沼石蛾 *Dicosmoecus jozankeanus* (Matsumura, 1931) 雄外生殖器

观察标本：3♂♂，内蒙古大兴安岭汗马国家级自然保护区，中心管理站 50m 钓鱼池，2014.VII.31，史丽、田明润、朱雨轩、高雪峰、陈超；2♂♂，内蒙古大兴安岭汗马国家级自然保护区，中心管理站 100m 溪流，海拔 831m，2014.VII.29，史丽、田明润、朱雨轩、高雪峰、陈超。

分布：内蒙古、黑龙江；日本，俄罗斯。

（21）双序沼石蛾 *Dicosmoecus* sp.

观察标本：1L，内蒙古大兴安岭汗马国家级自然保护区，波诺河桥，海拔 860m，2014.VII.30，史丽、田明润、朱雨轩、高雪峰、陈超；1L，内蒙古大兴安岭汗马国家级自然保护区，中心管理站旁监测站溪流，海拔 823m，2014.VII.30，史丽、田明润、朱雨轩、高雪峰、陈超。

注：中国双序沼石蛾属在中国仅记录 1 种，即矫双序沼石蛾 *Dicosmoecus jozankeanus* (Matsumura, 1931)。本次调查中采到的幼虫与双序沼石蛾幼虫特征一致，

但因尚无证据证明其是矫双序沼石蛾的幼虫，暂记为双序沼石蛾 *Dicosmoecus* sp.。

16. 褐带沼石蛾属 *Grammotaulius* Kolenati, 1848

特征：体大型，粗壮，体色淡。头长，后头部分较发达；复眼相对较小；触角粗；下颚须细长。前胸背板延长，胫距式 1-3-4。前翅具规则的由斑点组成的条纹；后翅臀区大。前后翅沿 R_5 脉具深色条带。前翅分径室 2.5～3 倍于其柄；横脉列向前方倾斜；后翅横脉列断裂但与体平行，分径室长。雄外生殖器：第 9 节延长，侧腹向粗壮，中部凸。第 10 节上肢形态变化较大，但通常具缺刻且皱缩；中分肢或与上肢等长，亚四边形，或短，呈三角形；第 10 节侧片大。下附肢细长。阳具粗壮，阳基侧突简单或二叉状。

分布：古北区、东洋区、新北区分布。世界已知 11 种，中国记录 2 种，汗马保护区分布 1 种（幼虫）。

（22）褐带沼石蛾 *Grammotaulius* sp.

观察标本：20L，内蒙古大兴安岭汗马国家级自然保护区，中心管理站 100m 溪流，2014.VII.29，海拔 831m，史丽、田明润、朱雨轩、高雪峰、陈超；30L，内蒙古大兴安岭汗马国家级自然保护区，中心管理站旁监测站溪流，2014.VII.30，海拔 823m，史丽、田明润、朱雨轩、高雪峰、陈超。

分布：内蒙古。

17. 合脉沼石蛾属 *Hydatophylax* Wallengren, 1891

特征：体中到大型，体色多变，通常较美丽。头短而宽，复眼及单眼突出于头部。触角粗，腹面呈细齿状，柄节与头近等长。下颚须长而粗。胫距式 1-3-4。前翅色彩种间变化大，形态多变，但通常较长。前翅 R_1 基部颜色较深，后翅 R_1 脉伸达翅缘前与 Sc 脉愈合。雄外生殖器：第 9 节短而高。第 10 节中分肢小，圆柱形，与上分肢愈合；侧片膨大，三角形，支撑上分肢。下附肢长，与第 10 节愈合范围大，游离部分细长。阳具小；阳茎细小，上弯。阳基侧突退化呈线状。

分布：全北区分布。世界已知 14 种，中国记录 2 种，汗马保护区分布 1 种（幼虫）。

（23）合脉沼石蛾 *Hydatophylax* sp.

观察标本：10L，内蒙古大兴安岭汗马国家级自然保护区，波诺河桥，海拔 860m，2014.VII.30，史丽、田明润、朱雨轩、高雪峰、陈超；11L，内蒙古大兴安岭汗马国家级自然保护区，中心管理站旁监测站溪流，海拔 823m，2014.VII.30，史丽、田明润、朱雨轩、高雪峰、陈超。

注：合脉沼石蛾属 *Hydatophylax* 在中国记录 2 种，均分布于古北区。本调查中采到的幼虫特征与该属幼虫特征一致，但因未采到成虫，暂时不能鉴定到种。

18. 沼石蛾属 *Limnephilus* Leach, 1815

特征：头较长，眼稍凸出。触角粗壮，稍短于前翅。下颚须细长。前足第 1 跗节长于第 2 跗节，但少数雄虫第 1 跗节短于第 2 跗节。前翅狭长，后翅明显宽于前翅；前翅分径室窄，长为宽的 1.5～2.0 倍，横脉列“之”字形，且与体平行；后翅分径室长度种间变异大，横脉列与前翅相似。雄外生殖器：第 9 节发达。第 10 节上分肢的形态与大小在种间变异较大；中分肢三角形，向上倾斜。下附肢大部分与第 9 节愈合，游离部分细小。阳茎基部膜质，阳基侧突细长，呈杆状，端部有时二叉状，具细毛或粗刺。

分布：全北区分布。世界已知 196 种，中国记录 13 种，汗马保护区分布 1 种（幼虫）。

（24）沼石蛾 *Limnephilus* sp.

观察标本：1L，内蒙古大兴安岭汗马国家级自然保护区，波诺河桥，海拔 860m，2014.VII.30，史丽、田明润、朱雨轩、高雪峰、陈超。

分布：内蒙古。

（十二）原石蛾科 Rhyacophilidae

特征：成虫具单眼。下颚须第 1～2 节粗短，第 2 节圆球形。胫距式 3-4-4。前后翅脉序完整，前翅 5 个叉脉齐全，后翅缺第 4 叉脉；前后翅分径室与中室均开放；前翅 R_1 脉在翅端分裂为 R_{1a} 脉与 R_{1b} 脉。雄外生殖器种类间变异较大：第 9 节环形，第 10 节具肛上附肢，中附肢在该科中演变为臀板。下附肢 2 节，大而长。阳具呈典型的三叉结构，但种类间变化大，是区分种类的重要特征。

分布：以东洋区分布为主，古北区与新北区也有分布。世界已知 5 属 852 余种，中国记录 2 属 153 种，汗马保护区分布 1 属 2 种。

19. 原石蛾属 *Rhyacophila* Pictet, 1834

特征：体中小型，大多数种类较喜马原石蛾属小，通常暗褐色。后胸小盾片缺毛瘤，前翅翅脉正常，R_5 脉终止于翅顶角或顶角之前。雄外生殖器结构变化很大，也是区分该属成员的重要依据。

分布：东洋区、全北区分布。世界已知 799 余种，中国记录 126 种，汗马保护区分布 2 种。

（25）史氏原石蛾 *Rhyacophila shiliae* Sun, 2016（**图 4-3**）

特征：前翅长 1.0mm。体黑褐色。头部黑褐色；毛瘤黄褐色；复眼褐色；下颚须、下唇须褐色；触角深褐色，柄节粗壮，长约为宽的 2 倍，梗节及鞭节各亚节短小。前胸褐色，中后胸黑色；各足基节及胫节距黑色至深褐色，其余部分褐色。翅黄褐色，具翅斑。腹部深褐色。雄外生殖器：第 9 节侧面观近矩形，背面宽于腹面；背面观长方形，宽 2 倍于长，前后缘波状。第 10 节侧面观水平部分大于垂直部分，背面观矩形，端部截形，后面观具骨化的瘤突。臀片小，后面观纽扣状。背带退化。阳茎背突侧面观短而窄，棍棒状，背面观矩形；阳茎背面分支侧面观屋脊状，背面观近矩形，端缘略凹入；腹面分支圆筒状，端部略伸出于背面分支的端部。阳茎腹突与下附肢近等长，端缘中央凹切。下附肢基节侧面观近梯形，腹面观内缘波状，外缘直；端节侧面观端缘中央凹切呈双叶状，上叶短，下叶稍长于上叶，腹面观矩形。

观察标本：3♂♂，内蒙古大兴安岭汗马国家级自然保护区，中心管理站旁监测站溪流，海拔 823m，2014.VII.30，史丽、田明润、朱雨轩、高雪峰、陈超。

分布：内蒙古。

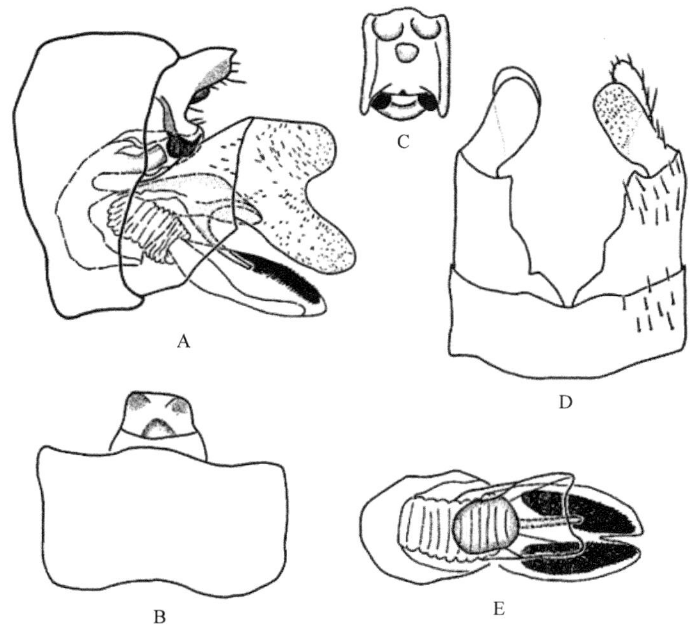

A—侧面观；B—背面观；C—第 10 节后面观；D—第 10 节腹面观；E—阳茎背面观。

图 4-3 史氏原石蛾 *Rhyacophila shiliae* Sun, 2016 雄性外生殖器

（26）原石蛾 *Rhyacophila* sp. 新种

观察标本：5L，内蒙古大兴安岭汗马国家级自然保护区，波诺河桥，海拔 860m，2014.VII.30，史丽、田明润、朱雨轩、高雪峰、陈超；2L，内蒙古大兴安岭汗马国家级自然保护区，中心管理站 100m 溪流，海拔 831m，2014.VII.29，史丽、田明润、朱雨轩、高雪峰、陈超。

分布：内蒙古。

参 考 文 献

杨莲芳，陶苏门高，贾金山，2011. 贺兰山毛翅目两新种记述（毛翅目，幻沼石蛾科，沼石蛾科）[J]. 动物分类学报，36（2）：404-407.

HOLZENTHAL R W, ANDERSEN T, 2007. Review of the caddisfly genus *Tagalopsyche* with the description of new species and a related new genus (Trichoptera: Leptoceridae: Mystacidini)[J]. Zootaxa, 1483: 1-32.

MEY W, LEVANIDOVA I M, 2008. Revision der gattung *Apataniana* Mosely, 1936 (Trichoptera, Limnephilidae)[J]. Deutsche Entomologische Zeitschrift, 36: 65-98.

ROSS H H, 1956. Evolution and classification of mountain caddisflies[M]. Urbana: University of Illinois Press.

SCHMID F, 1998. Genera of the Trichoptera of Canada and adjoining or adjacent United States the insects and arachnids of Canada series, part 7[M]. Ottawa: NRC Research Press.

SUN, C. 2016. New species, new records, and new collection data of *Rhyacophila* from China (Trichoptera: Rhyacophilidae)[J]. Zootaxa, 4198: 134-144.

YANG L, SUN C, MORSE J C, 2016. An amended checklist of the caddisflies of China (Insecta, Trichoptera)[J]. Zoosymposia, 10: 451-479.

五、双翅目 Diptera

（十三）瘿蚊科 Cecidomyiidae

焦克龙[1]，王浩[1]，王芳[1]，卜文俊[2]
（1. 天津农学院园艺园林学院植物保护系，天津，300384；2. 南开大学生命科学学院昆虫学研究所，天津，300071）

特征：成虫体小型，体长一般为 0.5～5.0mm，个别种类可达 8.0mm；身体纤弱，呈白色、淡黄色、橙黄色、棕色、红褐色或黑褐色等；复眼发达，多为接眼式或两复眼相互接近，接眼式在头的背面由眼桥相连；瘿蚊科仅鼓瘿蚊亚科 Porricondylinae、威瘿蚊亚科 Winnertziinae 和瘿蚊亚科 Cecidomyiinae 的成虫无单眼，其他亚科的成虫通常具单眼；下颚须通常 3～4 节或退化为 1～2 节甚至缺失，具短刚毛；触角细长，丝状或念珠状，脆弱易断，有时其长度超过体长，鞭节常雌雄异形，通常由 7～43 个鞭小节组成；雄虫鞭小节结中部会有各种程度狭缩，可形成单结状、双结状或三结状，雌虫鞭小节结部通常为圆筒状；鼓瘿蚊亚科、威瘿蚊亚科和瘿蚊亚科的鞭小节结部通常具瘿蚊科的特有结构——环丝，雄虫环丝通常发达且复杂，雌虫环丝通常简单；胸部长与厚约相等，中胸背板凸起；多数种类具翅，其翅通常膜质透明且被覆毛和鳞片，部分种类翅上具斑点或呈其他颜色，翅脉较退化且相对简单，纵脉一般不多于 5 条，少数种类翅退化；足通常细长、脆弱且易断，被覆刚毛和狭窄的鳞片；基节明显，胫节无端距，跗节常为 5 节；跗节爪通常发达，骨化强烈并弯曲，具单齿、双齿、多齿或无齿；爪间突发达或退化，密被毛；爪垫通常细长棒状且被毛，一般短于爪；腹部通常细长，各腹节背板和腹板常具刚毛和鳞片；雄虫抱器和雌虫产卵器形态各异，常具各种饰变。蛹为离蛹，通常为橙黄色、棕色、红褐色或黑褐色；头部具头侧刚毛和乳突，触角基常发达，或具饰变；胸部具前胸气门；腹部渐细，常具短刺。幼虫通常有 3 个龄期，圆柱状或扁圆柱状，常呈白色、黄色、橙色或红色，由头壳、颈节、3 个胸节和 9 个腹节组成，其中头壳相对较小，具 1 对触角，口器退化，由上颚和下颚片组成，胸节和腹节上常具乳突和刚毛；气门 9 对，位于前胸和第 1～8 腹节两侧；老熟幼虫体长一般为 2.0～5.0mm，多数种类前胸腹面具瘿蚊科的特有结构——胸骨片。卵光滑，球状或椭球状，呈白色、黄色、橙色或红色。

分布：世界已知 810 余属 6590 余种，中国记录 80 余属 180 余种，汗马保护区分布 2 属 2 种。

分属检索表

1. 雄虫鞭小节为单结状；下颚须 1 节；R_1 脉与 R_5 脉紧贴；R_5 脉近乎直，其末端明显在翅端前与 C 脉汇合；雄虫抱器基节中基瓣抱握阳茎；雌虫产卵器末端尾须融合、不分瓣……………………………………………………蒿瘿蚊属 *Artemisiomyia*

- 雄虫鞭小节大多双结状；下颚须 2～4 节；R_1 脉明显远离 R_5 脉；R_5 脉后 1/3 略向下弯曲，在翅端后与 C 脉汇合；雄虫抱器基节中基瓣远离阳茎；雌虫产卵器末端尾须明显分为两个圆瓣……………………………………突胸瘿蚊属 *Planetella*

20. 蒿瘿蚊属 *Artemisiomyia* Kovalev, 1972

特征：无单眼。复眼顶部连续。下颚须 1 节。雌雄触角鞭小节均为单结状，结部均具 2 轮长刚毛，颈部明显。具翅；R_1 脉与 R_5 脉紧贴；R_5 脉近乎直，其末端在翅端前与 C 脉汇合；Cu 脉分支。各足跗节爪均具齿。雄虫尾须分 2 瓣；肛下板简单、不分瓣；抱器基节较粗壮，其中基瓣抱握阳茎；抱器端节粗壮，略短于抱器基节，具端齿；阳茎细长柱状，短于抱器基节。雌虫产卵器明显伸长；第 8 背板具 1 个着生许多短刚毛的骨化片；尾须 1 节，且融合、不分瓣，其上具 1 个着生若干钩状刺和许多短刚毛的骨化片，其他区域着生稀疏的短毛。

寄主：菊科蒿属植物 *Artemisia* sp.。

分布：古北区分布。世界已知 1 种，中国记录 1 种，汗马保护区分布 1 种。

（27）东亚蒿瘿蚊近似种 *Artemisiomyia* sp. near *gorovoji* Kovalev, 1967

特征：体棕褐色。无单眼。复眼顶部连续。下颚须 1 节。雌雄触角鞭小节均为单结状，结部均具 2 轮长刚毛，颈部明显。翅透明；R_1 脉与 R_5 脉紧贴；R_5 脉近乎直，其末端明显在翅前缘约 2/3 处与 C 脉汇合；Cu 脉分支。各足跗节爪均具齿；爪间突约与爪等长。雄虫尾须分 2 瓣，瓣间宽阔凹陷，其分瓣背腹向呈近三角形，其端缘圆，端外缘腹面着生较长的刚毛；肛下板宽短、不分瓣，略短于尾须；抱器基节较粗壮，其近基部内侧着生的中基瓣粗壮且抱握阳茎，并由基部至端部渐细；抱器端节粗壮，略短于抱器基节，由基部至端部向内均匀弯曲，由近端部 1/3 处至端部渐细，具端齿；阳茎细长柱状，短于抱器基节。雌虫产卵器明显伸长；第 8 背板具 1 个着生许多短刚毛的骨化片；尾须 1 节，且融合、不分瓣，其上具 1 个着生若干钩状刺和许多短刚毛的骨化片，其他区域具稀疏的短毛；肛下板相对尾须极为短小，不分瓣，呈圆突状，其上具若干短毛。

观察标本：6♂♂2♀♀，内蒙古大兴安岭汗马国家级自然保护区，距离中心管理站 200m 栈道深处溪流开阔处，第 2 瓶，马氏网捕，海拔 850m，2015.VIII.28，史丽。

分布：内蒙古。

21. 突胸瘿蚊属 *Planetella* Westwood, 1840

特征：无单眼。复眼顶部连续。下颚须 2～4 节。雌雄触角鞭小节为单结状或双结状，其结部具 2 轮长刚毛，颈部明显；雌雄鞭小节结部通常具 3 圈或多圈欠发达的小环状环丝。前胸背板向前延伸明显盖住头部或几乎盖住头部。具翅；R_1 脉明显远离 R_5 脉；R_5 脉后 1/3 略向下弯曲，在翅端后与 C 脉汇合；Cu 脉分支。各足跗节爪均不具齿。雄虫尾须分 2 瓣；肛下板简单、不分瓣；抱器基节较粗壮，其中基瓣远离阳茎；抱器端节粗壮，短于抱器基节，具端齿；阳茎呈锥状或柱状。雌虫产卵器不明显伸长；尾须 1 节且分瓣，其上具稀疏的短毛。

寄主：绝大多数种类在莎草科植物 *Cyperaceae* spp.上作瘿。

分布：古北区、新北区分布。世界已知 52 种，中国记录 1 种，汗马保护区分布 1 种。

（28）角突胸瘿蚊近似种 *Planetella* sp. near *cornifex* Kieffer, 1898

特征：体黄色。无单眼。复眼顶部连续。下颚须 2 节。触角鞭小节为单结状或双结状，其结部具 2 轮长刚毛，颈部明显；雌雄鞭小节结部均具 3 圈或多圈欠发达的小环状环丝。翅透明；R_1 脉明显远离 R_5 脉；R_5 脉后 1/3 略向下弯曲，在翅端后与 C 脉汇合；Cu 脉分支。各足跗节爪均不具齿；爪间突较退化，明显短于爪。雄虫尾须分 2 瓣，瓣间宽阔凹陷，其分瓣背腹向呈近三角形，其端缘圆，端外缘腹面着生较长的刚毛；肛下板宽短、不分瓣，约与尾须等长；抱器基节细长，其近基部内侧着生的中基瓣背腹向呈近三角形且远离阳茎；抱器端节粗壮，明显短于抱器基节，由基部至端部向内均匀弯曲且几乎等粗，具端齿；阳茎细长锥状，约与抱器基节等长。雌虫产卵器不明显伸长；尾须 1 节，分为 2 个圆瓣，其上具稀疏的短毛；肛下板相对尾须极小，不分瓣，呈细长棍状，其上具若干短毛。

观察标本：15♂♂2♀♀，内蒙古大兴安岭汗马国家级自然保护区，波诺河森林，第 1 瓶，马氏网捕，海拔 862m，2015.VII.23，史丽。

分布：内蒙古。

参 考 文 献

卜文俊，郑乐怡，1994. 瘿蚊亚科中国新记录（双翅目：瘿蚊科）[J]. 动物分类学报，19（4）：502.

GAGNÉ R J, JASCHHOF M, 2017. A catalog of the Cecidomyiidae (Diptera) of the world. 4th Edition. Digital version [DB/OL]. http://www.ars.usda.gov/ARSUserFiles/80420580/Gagne_2017_World_Cat_4th_ed.pdf.

KIEFFER J J, 1898. Synopse des cécidomyies d'Europe et d'Algérie décrites jusqu'à ce jour[J]. Bulletin de la Société d'Histoire Naturelle de Metz, 8(2): 1-64.

KOVALEV O V, 1967. Contributions to the fauna and ecology of the gall-making insects of the Far East of the USSR, with the description of new species of Cecidomyiidae (Diptera)[J]. Akademiya Nauk SSSR, Trudy Zoologicheskogo

Instituta, Leningrad, 41: 80-133.[In Russian]

KOVALEV O V, 1972. New species of gall midges (Diptera, Cecidomyiidae) from southern Soviet Far East[J]. Entomologicheskoe Obozrenie, 51: 412-429.[In Russian]

SKUHRAVÁ M, 1997. Family Cecidomyiidae[M]//PAPP L, DARVAS B. Contributions to a manual of Palaearctic Diptera (with special reference to flies of economic importance). Vol. 2: Nematocera and lower Brachycera. Budapest:Science Herald: 71-204.

WESTWOOD J O, 1840. Synopsis of the genera of British insects[M]//WESTWOOD J O. An introduction to the modern classification of insects. Vol II. Longman:London:1-158.

（十四）蠓科 Ceratopogonidae

韩晓静，蒋晓红，侯晓晖

（遵义医科大学，遵义，563099）

特征：体型微小，细长或短粗，体长多数为 1.0～5.0 mm。头橘形，较背部略低；复眼 1 对，额宽在不同种间有差异；单眼退化；触角通常 15 节，鞭节的节数和形态在不同种、属间有变异，触角上常着生嗅觉器，嗅觉器的形态、数目和分布位置常因种而异；口器发达，约与头壳高度相等，雌虫口器较雄虫发达；触须通常分 5 节，第 3 节常具感觉器，触须节数和感觉器类型因种、属而异。胸背稍隆起，前、后胸退化，中胸发达；翅为中胸翅，翅面可有明暗不等的斑或不同形态的毛、鳞；各足跗节均具 5 节，后足胫节末端常具 1 列胫端鬃和 1 列梳齿。腹部 10 节，雄虫第 9、10 节特化为尾器；雌虫尾端 3 节特化为外生殖器，第 9 腹板特化为形态多变的殖下板，生殖孔位于其间。

分布：世界已知 111 属约 6255 种，中国记录 37 属 1176 种，汗马保护区分布 4 属 11 种。

分属检索表

1. 爪间突发达……2
- 爪间突退化或无……3
2. 翅前缘脉约抵翅中部或略短，第 2 径室较短或不发达……铗蠓属 *Forcipomyia*
- 翅前缘脉超越翅中部，第 2 径室较长……裸蠓属 *Atrichopogon*
3. 翅仅有 1 个短小径室，雌虫触角长节不明显，或仅端部 1 节延长，鞭节各节基部有刻纹……毛蠓属 *Dasyhelea*
- 翅具 1～2 个径室，触角各节均无刻纹，通常端部 4～5 节明显延长……库蠓属 *Culicoides*

22. 裸蠓属 *Atrichopogon* Kieffer, 1906

特征：中、小型褐色蠓种，复眼小眼面间有或无柔毛。触角 15 节，雌虫端部 5 节延长，末节多数具端突；雄虫端部 3～4 节延长，各短节有疏密不等的轮毛。触须 5 节，或第 4、5 两节愈合，第 3 节具感觉器窝。喙长短不等，雌虫上唇、大颚、小颚可具齿；雄虫无齿。胸部背面具鬃毛，色泽一致或有浅色区、带。翅发达，前缘脉和径 2 室的末端均超过翅长的一半，径 1 室短，径 2 室较宽长，其长度为径 1 室长的 2～3 倍；径 5 室端部具明显的润脉叉；翅面大毛有或无，微毛遍布整个翅面。爪间突发达，爪端分叉或不分叉。腹部第 1、2 节背板较发达，雌虫腹部第 7～9 节腹面可有赘生的突起，受精囊 1～2 个；雄虫尾节抱器和阳茎中叶发达，阳基侧突退化，抱器基节仅具 1 个踝突。

分布：古北区、东洋区、非洲区、新北区、澳新区分布。世界已知 513 种，中国记录 91 种，汗马保护区分布 4 种。

分种检索表

1. 受精囊 1 个……………………………………………………………………2
- 受精囊 2 个……………………………………………………………………3
2. 小眼面间有短小的柔毛……………………北方裸蠓 *Atrichopogon aquilonarius*
- 头近顶部的上 1/3 小眼面间无柔毛，下 2/3 小眼面间有短小的柔毛……………… ……………………………………………棕背裸蠓 *Atrichopogon dorsalis*
3. 小眼面间有柔毛……………………………………棕色裸蠓 *Atrichopogon fusculus*
- 小眼面间无柔毛……………………………………强壮裸蠓 *Atrichopogon impensus*

（29）北方裸蠓 *Atrichopogon aquilonarius* Yu & Yan, 2005（图 5-1）

特征：雌虫翅长 1.43mm，宽 0.43mm。两复眼相接，小眼面间有短小的柔毛。触角鞭节各短节呈卵形，自第 10 节起逐次延长，末节端突细长，触角比（AR）1.98。触须 5 节，各节相对长度比为 10∶20∶22∶14∶13，第 3 节中部膨大，感觉器窝位于中部膨大处前。胸部一致棕褐色。小盾片后缘具粗鬃 4 根。翅面大毛稀少，臀室和基室无大毛。各足一致浅棕色。爪发达，但爪端不分叉。后足胫节端鬃 9 根，梳齿 28 枚。腹部棕色。受精囊 1 个，卵形，有短颈。殖下板呈半圆环形。

观察标本：1♀，内蒙古大兴安岭汗马国家级自然保护区，波诺河，海拔 846m，2015.VII.23，史丽；1♀，内蒙古大兴安岭汗马国家级自然保护区，牛耳湖，海拔 871m，2015.VII.26，史丽。

分布：内蒙古、黑龙江。

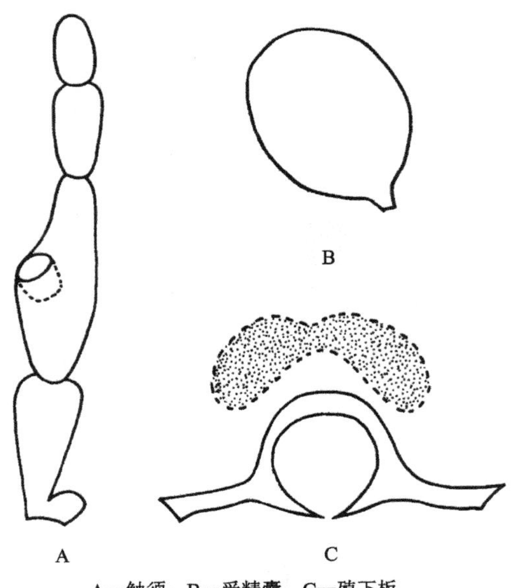

A—触须；B—受精囊；C—殖下板。

图 5-1　北方裸蠓 *Atrichopogon aquilonarius* Yu & Yan, 2005

（30）棕背裸蠓 *Atrichopogon dorsalis* Tokunaga, 1940（图 5-2）

特征：雌虫翅长 1.17mm，宽 0.50 mm。复眼接眼式，近顶部的上 1/3 小眼面间无柔毛，下 2/3 小眼面间有短小的柔毛。触角 AR1.8～1.9。触须 5 节，各节相对长度比为 6∶8∶12∶6∶8，第 3 节中部稍粗，感觉器窝位于近基部。小盾片后缘具粗鬃 4 根。翅面大毛稀疏。腹部浅棕色，受精囊 1 个，类圆形，无颈。殖下板为窄带状。

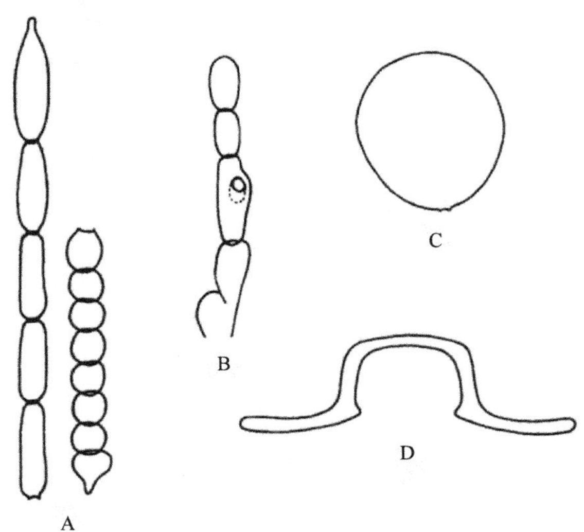

A—触角；B—触须；C—受精囊；D—殖下板。

图 5-2　棕背裸蠓 *Atrichopogon dorsalis* Tokunaga, 1940

观察标本：1♀，内蒙古大兴安岭汗马国家级自然保护区，管理站，海拔 850m，2015.VIII.28，史丽。

分布：内蒙古、黑龙江；日本。

（31）棕色裸蠓 *Atrichopogon fusculus* (Coquillett, 1901)（图 5-3）

特征：雌虫翅长 1.58mm，宽 0.65mm。复眼相接，小眼面间无柔毛。喙长大于头高，短于触须。触角鞭节各短节类球形，末节最长，有明显端突，AR 2.33。触须 5 节，各节相对长度比为 10∶15∶20∶10∶13，第 3 节端部 2/3 处稍膨大，感觉器窝位于第 3 节近端部。大颚齿约 21 枚，近端部 10 枚较大。胸部背面一致深棕色，遍布鬃毛，翅沿各翅脉均有大毛，多见于近端 1/2 处；小盾片上遍布细鬃，后缘有粗鬃 4 根。各足一致淡棕色。后足胫节端鬃 9 根，梳齿细，约有 28 枚。腹部浅棕色。第 1 腹节背板每侧有脊外鬃 7～8 根。受精囊 2 个，椭圆形，略不等大，近基部有透明刻点，殖下板不全封闭。

观察标本：1♀，内蒙古大兴安岭汗马国家级自然保护区，牛耳湖，海拔 870m，2015.VII.26，史丽。

分布：内蒙古、黑龙江、河南、湖北、湖南、四川、贵州、云南；日本，爱沙尼亚，法国，英国，加拿大，美国，巴西；北欧。

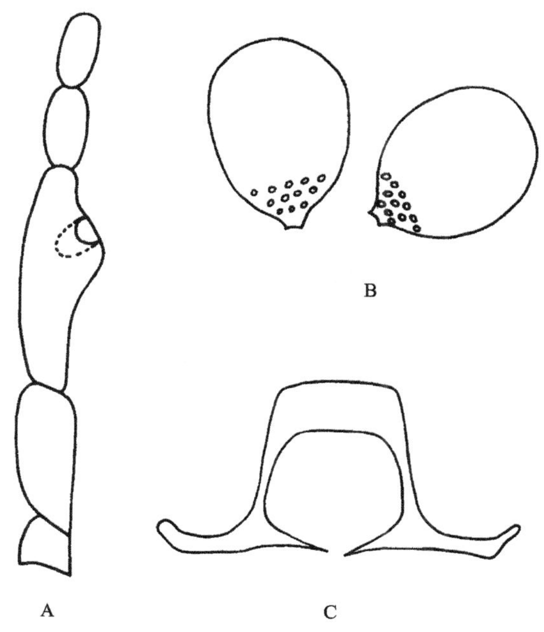

A—触须；B—受精囊；C—殖下板。

图 5-3 棕色裸蠓 *Atrichopogon fusculus* (Coquillett, 1901)

（32）强壮裸蠓 *Atrichopogon impensus* Yu & Yan, 2001（图 5-4）

特征：雌虫翅长 1.70mm，宽 0.64mm。复眼小眼面间有柔毛。触角鞭节短，基部 3 节稍膨大，端部 5 节延长，AR 1.98。触须 5 节，第 3 节柱状，膨大不明显，近端部具 1 个感觉器窝。中胸盾板多具细毛。小盾片后缘具粗鬃 6 根。翅面 R_5 室、M_1 室、M_2 室大毛密布，M_4 室和 A 室无大毛。各足一致棕褐色，多具毛。爪和爪间突退化。后足胫节端鬃 8 根。腹部棕褐色。受精囊 2 个，椭圆形，略等大，无颈。殖下板拱形，端部内侧具尖突。

观察标本：1♀，内蒙古大兴安岭汗马国家级自然保护区，吉娜米基马河，海拔 932m，2015.X.19，史丽。

分布：内蒙古、西藏。

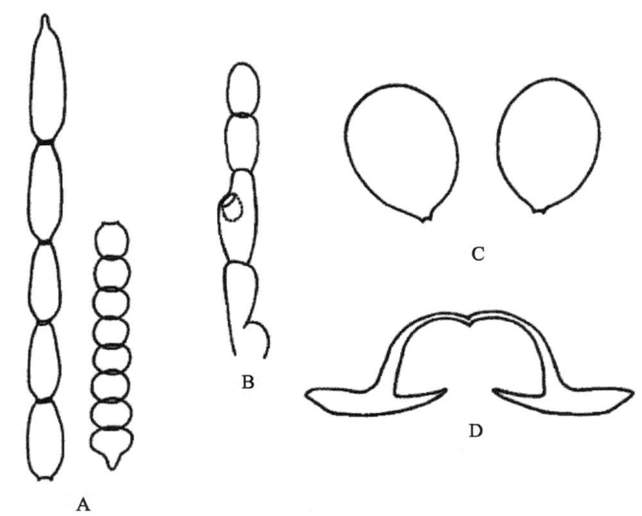

A—触角；B—触须；C—受精囊；D—殖下板。

图 5-4　强壮裸蠓 *Atrichopogon impensus* Yu & Yan, 2001

23. 库蠓属 *Culicoides* Latreille, 1809

特征：小型或中型蠓类，翅长 0.8～2.0mm，中胸盾板有明显肩窝。雌虫口器发达。触角第 3 节及部分鞭节有嗅觉器；触须 5 节，第 3 节可有感觉器窝，或散在的感觉器。足无棘刺，第 4 跗节通常筒状，爪短而等长，爪间突短小。翅面遍布微毛，并有数量不等的大毛，常有形态各异的色斑。翅脉发达，前缘脉较短，前缘脉与翅长比（CR）0.5～0.7；有 2 个径室。雌虫受精囊 1～3 个。雄虫尾器变化较多，通常第 9 背板较长，有发达的后缘侧突；第 9 腹板短，后缘中部或凹或凸；阳茎中叶完整 1 片，阳基侧突分离或愈合，形态变化较多。

分布：古北区、东洋区、非洲区、新北区、澳新区分布。世界已知 1373 种，中国记录 362 种，汗马保护区分布 2 种。

分种检索表

1. 翅中 4 室有一独立暗斑……………………………………刺螯库蠓 *Culicoides punctatus*
- 翅中 4 室无独立暗斑……………………………………渐灰库蠓 *Culicoides grisescens*

（33）渐灰库蠓 *Culicoides grisescens* Edwards, 1939（图 5-5）

特征：雌虫翅长 1.93mm，宽 0.85mm。两复眼相连接，小眼面间无柔毛，有额缝。AR 1.13，嗅觉器见于触角第 3 节和第 11～15 节。触须第 3 节中部稍膨大，第 3 节长度与宽度比（PR）3.60，感觉器分散在端部 1/3 处。胸部中胸盾板褐色。翅面淡，暗斑明显，翅基淡斑大，形状不规则，向后延伸至臂室基部；径中淡斑覆盖第 1 径室基部和径中横脉，并向后延伸，与 M_2 室的淡斑连接，径端淡斑覆盖第 2 径室端部 1/2 及其外侧，并向后延伸与 M_1 室、M_2 室和 M_4 室的淡斑连接，径 5 室亚端部有 1 个淡斑；M_1 室近基部和近端部各有 1 个淡斑；M_2 室中部的淡斑大而长，形状不规则，端部有 1 个邻接翅端的淡斑；M_4 室和臂室端部各有 1 个淡斑。翅面大毛遍布，基室无大毛，CR 0.65。后足胫节端鬃 5 根，第 2 根最长。受精囊 2 个，均发达，近球形，有短颈。

观察标本：2♀♀，内蒙古大兴安岭汗马国家级自然保护区，救护站，海拔 847m，2015.VIII.28，史丽。

分布：内蒙古、黑龙江、吉林、山东、四川、西藏、宁夏、新疆；英国，法国，俄罗斯。

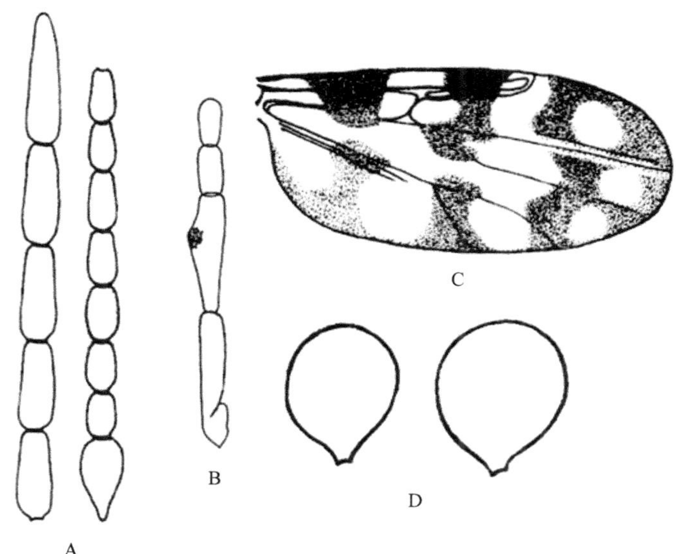

A—触角；B—触须；C—翅；D—受精囊。

图 5-5 渐灰库蠓 *Culicoides grisescens* Edwards, 1939

（34）刺螯库蠓 *Culicoides punctatus* (Meigen, 1804)（图 5-6）

特征： 雌虫翅长 1.27～1.59 mm，宽 0.60～0.72 mm。两复眼相连接，小眼面间无柔毛，有额缝。AR 1.17，嗅觉器见于触角第 3 节和第 11～15 节，部分标本在第 4、5、7～10 节有嗅觉器分布。触须 5 节的相对长度比为 11：37：35：14：16，第 3 节中部粗大，无感觉器窝，感觉器散布在节中部稍后。唇基片鬃每侧 3～4 根。大颚齿 14～19 枚，小颚齿 15～19 枚。中胸有淡、暗斑。翅面淡、暗斑明显，第 1 前缘暗斑向后延伸仅达中 2 室前缘，第 2 前缘暗斑覆盖第 1 径室末端和第 2 径室基室，第 2 前缘暗斑的后缘有 1 暗斑，第 2 前缘暗斑位于第 5 径室中部；中 1 室中部前缘有 1 暗斑；中 2 室在中叉后缘和近端部的后缘各有 1 淡斑；中 1 脉和中 2 脉端部各有 1 小淡斑；中 4 室有 1 独立的暗斑；臂室有位于臂室中部的暗斑，翅面大毛见于近端部 2/3。受精囊 2 个、发达，殖下板内侧端部有 1 指状突。

观察标本： 1♀，内蒙古大兴安岭汗马国家级自然保护区，救助站，海拔 842m，2015.VII.24，史丽。

分布： 内蒙古、河北、辽宁、吉林、黑龙江、浙江、福建、山东、湖北、四川、甘肃、宁夏、云南、新疆；法国、拉脱维亚、哈萨克斯坦、罗马尼亚、俄罗斯等欧洲地区；阿尔及利亚，塞浦路斯，埃及，伊朗，意大利，摩洛哥，巴勒斯坦，葡萄牙，西班牙，土耳其。

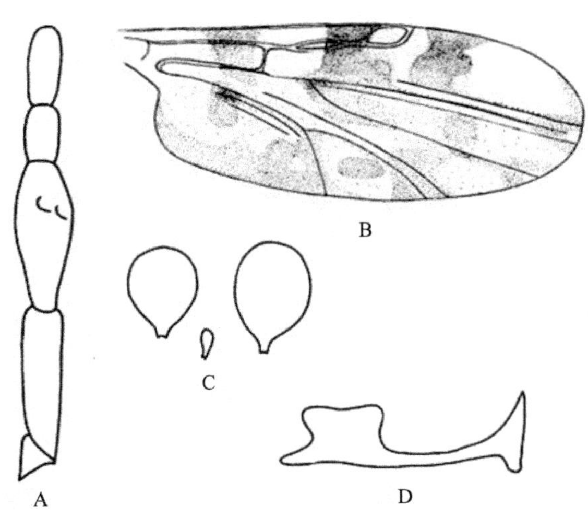

A—触须；B—翅；C—受精囊；D—殖下板。

图 5-6　刺螯库蠓 *Culicoides punctatus* (Meigen, 1804)

24. 毛蠓属 *Dasyhelea* Kieffer, 1911

特征： 体短小，被毛。复眼小眼面间具柔毛。额片形态多样，雌虫触角鞭节端部 5 节与基部 8 节差别不显著，通常有轮毛；雄虫触角端部 4 节延长，鞭节各节刻纹明显；触须较细，通常第1节短小，第3节仅有少数分散的感觉器。中胸盾板无肩窝。翅宽，有微毛；翅面具大毛；前缘脉末端通常抵达翅中，径1室常无，径2室有或无，开放或封闭；中叉脉无柄或有短柄；径中横脉斜短；臀脉直，臀角钝；翅瓣光裸；腋瓣常有细毛丛。足较细，无粗刺；后足第1跗节常为第2跗节的2倍以上；爪小而等大；爪间突退化。雌虫腹部短粗，第9节腹面角化的殖下板完整而多变；受精囊1～3个。雄虫腹部较细，第9背板较长，其后缘侧突通常小或不发达；抱器基节短粗，端节细长；阳茎中叶宽，具成对端突；阳基侧突愈合成不对称的3条骨片。

分布：古北区、东洋区、非洲区、新北区、澳新区分布。世界已知625种，中国记录174种，汗马保护区分布1种。

（35）西方毛蠓 *Dasyhelea hesperos* Yu & Yan, 2005（图5-7）

特征：雌虫翅长1.47mm，宽0.64mm。复眼接眼式，小眼面间柔毛细而密。触角鞭节刻纹明显，有刺状感觉器、乳头状感觉突，末节端突明显，AR 1.05。触须5节。胸部无斑纹，小盾片上鬃毛较多，近后缘1列粗鬃为13根。翅面遍布大毛，径脉止于翅前缘中点。各足一致棕色，爪等长，爪间突退化，爪端不分叉，后足胫节端鬃7根，梳齿17枚。腹部背板一致棕褐色，各背板无透明小区。受精囊1个，囊体卵形，颈长而弯曲，殖下板双层塔形，但端突细长。

观察标本：1♀，内蒙古大兴安岭汗马国家级自然保护区，波诺河，海拔854m，2015.VIII.28，史丽。

分布：内蒙古、西藏。

A—受精囊；B—殖下板。

图5-7 西方毛蠓 *Dasyhelea hesperos* Yu & Yan, 2005

25. 铗蠓属 *Forcipomyia* Meigen, 1818

特征：体短小、多毛，足和翅常具鳞纹。复眼邻接，光裸或有柔毛。大颚有齿或无齿。触须通常5节，第4、5节可部分或全部愈合，第3节有或无感觉器窝。触角15节或减少。中胸盾板无肩窝。雌虫爪间突发达。翅有或无大毛，有或无斑。径1室短小或缺如。受精囊1个或2个。雄虫尾器第9背板长短不等，其后缘常具1对侧突；阳茎中叶三角形或方形，可分叉；阳基侧突形状变化多，两侧常与抱器基节踝愈合。

分布：古北区、东洋区、非洲区、新北区、澳新区分布。世界已知 974 种，中国记录 154 种，汗马保护区分布 9 种。

分种检索表

1. 大颚有齿……………………………………………………………………………2
- 大颚无齿……………………………………………………………………………6
2. 感觉器窝深…………………………………………………………………………3
- 感觉器窝浅…………………………………………………………………………4
3. 感觉器窝深囊状，深度为该节长的 3/4………………温和铗蠓 *Forcipomyia almus*
- 感觉器窝深度大于该节长的 1/2………………………无锡铗蠓 *Forcipomyia wuxiensis*
4. 大颚圆钝……………………………………………………光滑铗蠓 *Forcipomyia blanda*
- 大颚细长……………………………………………………………………………5
5. 触角端部 5 节延长明显………………………………项角铗蠓 *Forcipomyia monilicornis*
- 触角仅第 15 节延长明显………………………………长柄铗蠓 *Forcipomyia mercuratas*
6. 各足色泽不一致……………………………………………………………………7
- 各足色泽一致………………………………………………………………………8
7. 前、中足色泽一致，而后足色泽不一致，具深浅色带……………………………………………………………………………………………短毛铗蠓 *Forcipomyia ciliola*
- 各足股节端部、胫节基部为棕色，其余部分均为淡黄色……………………………………………………………………………………………丛林铗蠓 *Forcipomyia bessa*
8. 殖下板拱门状，前缘无圆钝突起………………………寒冷铗蠓 *Forcipomyia frigidus*
- 殖下板拱门状，前缘有圆钝突起………………………海拉铗蠓 *Forcipomyia hailaerensis*

（36）温和铗蠓 *Forcipomyia almus* Liu & Yu, 2001（图 5-8）

特征：雌虫翅长 1.55mm，宽 0.68mm。复眼小眼面间无柔毛。触角 AR 1.54。触须 5 节，第 3 节膨大，感觉器窝深而呈囊状，其深度为该节长的 3/4，PR 2.50；第 4 节明显长于第 5 节。大颚齿细小，多于 20 枚。胸部棕褐色。小盾片有粗鬃 15 根，翅面暗色无斑，大毛密布，沿翅脉无裸带，CR 0.55。平衡棒淡色。前足一致淡色，中足股节端部、胫节基部有不完整的棕色区，后足股节端部、胫节基部有棕色带。后足第 1 跗节有成排的羽毛状鬃。爪和爪间突发达。后足胫节端鬃 8 根，梳齿 10 枚。腹部棕黄色。受精囊 2 个，球形，无颈，不等大。殖下板环状。

观察标本：1♀，内蒙古大兴安岭汗马国家级自然保护区，波诺河，海拔 854m，2015.VIII.28，史丽。

分布：内蒙古、云南。

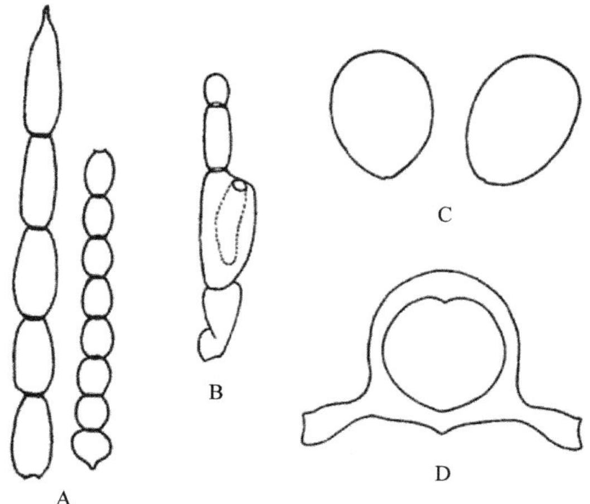

A—触角；B—触须；C—受精囊；D—殖下板。

图 5-8 温和铗蠓 *Forcipomyia almus* Liu & Yu, 2001

（37）丛林铗蠓 *Forcipomyia bessa* Liu & Yu, 2001（图 5-9）

特征： 雌虫翅长 1.17mm，宽 0.54mm。复眼小眼面间无柔毛。触角鞭节端部 5 节延长不明显，AR 0.62。触须 5 节，各节相对长度比为 6∶10∶17∶8∶7，第 3 节基部膨大，感觉器窝明显，位于近基部，第 4、5 节分离。大颚无齿。胸部棕黄色。小盾片有 10 余根粗鬃。翅面大毛密布，径 1 室缺如，径 2 室短宽，径 2 室和径 5 室具大的淡色斑。各足股节端部、胫节基部为棕色，尤以后足色泽最深，其余部分均为淡黄色，膝关节均为淡色。后足胫节端鬃 8 根，梳齿 13 枚。腹部棕黄色。受精囊 2 个，卵形，不等大，无颈，殖下板窄细，呈环状。

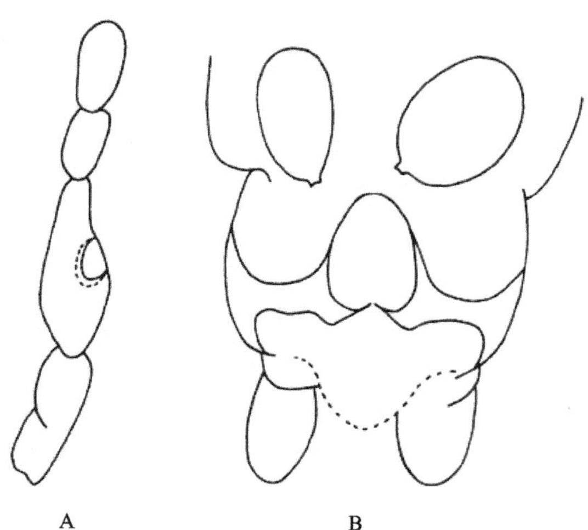

A—触须；B—雌虫生殖节腹面观。

图 5-9 丛林铗蠓 *Forcipomyia bessa* Liu & Yu, 2001

观察标本：1♀，内蒙古大兴安岭汗马国家级自然保护区，波诺河，海拔 862m，2015.VII.23，史丽。

分布：内蒙古、云南。

（38）光滑铗蠓 *Forcipomyia blanda* Yu & Liu, 2005（图 5-10）

特征：雌虫翅长 1.14mm，宽 0.56mm。复眼小眼面间无柔毛。触角鞭节基部各短节圆形，多具细毛，端部 6 节延长明显，第 12 节长约为第 11 节长的 2 倍，AR 1.85。触须 5 节，第 3 节明显膨大，感觉器窝位于中部，小且深，PR 1.38；第 4、5 节明显分开。小颚宽而有刻痕状齿，大颚端部具细齿 15 枚。上唇端钝，具纵脊，侧缘具刚毛；下唇脊叶片状。胸部棕褐色。小盾片后缘有粗鬃 11 根。翅面大毛密布，前缘脉和径脉处有纹鬃；CR 0.56。平衡棒淡色。各足一致褐色。各足跗节多具长毛。爪明显弯曲，爪端不分叉，爪间突发达。后足胫节端鬃 7 根，梳齿 11 枚。腹部棕色。受精囊 2 个，圆形，颈长且粗，不等大。殖下板拱状。

观察标本：1♀，内蒙古大兴安岭汗马国家级自然保护区，吉娜米基马河，海拔 932m，2015.X.19，史丽；1♀，内蒙古大兴安岭汗马国家级自然保护区，波诺河，海拔 854m，2015.VII.23，史丽；1♀，内蒙古大兴安岭汗马国家级自然保护区，救助站，海拔 847m，2015.VII.24，史丽。

分布：内蒙古、西藏。

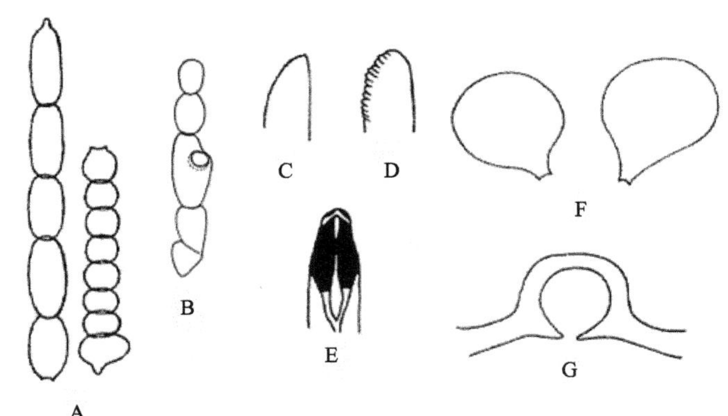

A—触角；B—触须；C—小颚；D—大颚；E—下唇；F—受精囊；G—殖下板。

图 5-10　光滑铗蠓 *Forcipomyia blanda* Yu & Liu, 2005

（39）短毛铗蠓 *Forcipomyia ciliola* Liu & Yu, 2001（图 5-11）

特征：雌虫翅长 1.33mm，宽 0.58mm。复眼小眼面间无柔毛。触角鞭节基部各节瓶状，端部 5 节延长不明显，AR 0.68。触须 5 节，第 3 节基部明显膨大，感觉器窝大，PR 2.54，第 4、5 节完全分离。胸部棕褐色。小盾片后缘有粗鬃 10 根，翅面大毛密布，沿翅脉无裸带，无斑，CR 0.49。平衡棒淡色。前、中足淡色，后足股节端部 1/2 棕色，其余淡色，后足胫节有成行的宽鳞状鬃。爪明显弯曲，爪间突发达。后足胫节端鬃 7 根，梳齿 9 枚。腹部棕色。受精囊 2 个，椭球形，不等大，殖下板外缘轮廓近似菱形，端缘稍突。

观察标本：1♀，内蒙古大兴安岭汗马国家级自然保护区，波诺河，海拔 854m，2015.VIII.28，史丽。

分布：内蒙古、西藏。

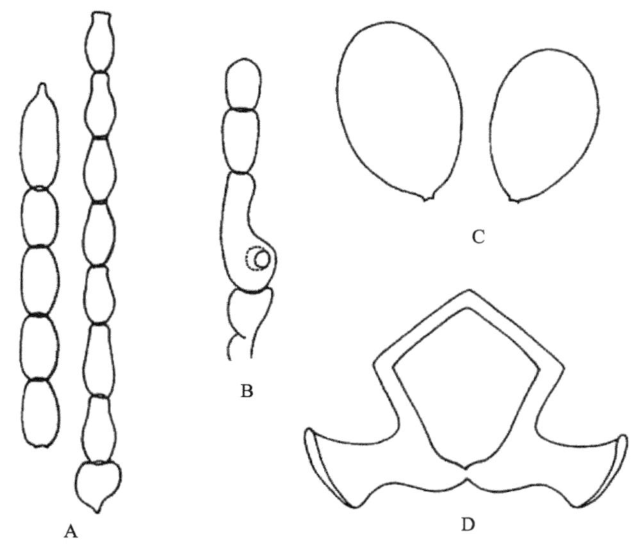

A—触角；B—触须；C—受精囊；D—殖下板。

图 5-11 短毛铗蠓 *Forcipomyia ciliola* Liu & Yu, 2001

（40）寒冷铗蠓 *Forcipomyia frigidus* Liu & Yu, 2001（图 5-12）

特征：雌虫翅长 1.30mm，宽 0.45mm。复眼小眼面间无柔毛。唇基鬃稀疏，排列不规则。触角鞭节基部各节近瓶状，端部 5 节延长不明显。触须 5 节，第 3 节基部 1/2 膨大，感觉器窝大，位于基半部，PR 2.30，第 4、5 节分离。胸部棕褐色。小盾片布满鬃毛，粗鬃 18 根。翅面大毛密布，沿翅脉无裸带，无斑，径 1 室无，径 2 室短小，CR 0.42。平衡棒淡色，各足一致棕黄色。爪明显弯曲，爪间突发达。后足胫节端鬃 10 根，梳齿 18 枚。腹部棕黄色。受精囊 2 个，不等大，分别为卵形和球形。殖下板拱门状，第 9 腹板后缘每侧具 5 枚钉状突起，其中 3 枚较大。

观察标本：1♀，内蒙古大兴安岭汗马国家级自然保护区，牛耳湖，海拔 871m，2015.IX.17，史丽。

分布：内蒙古、吉林、甘肃。

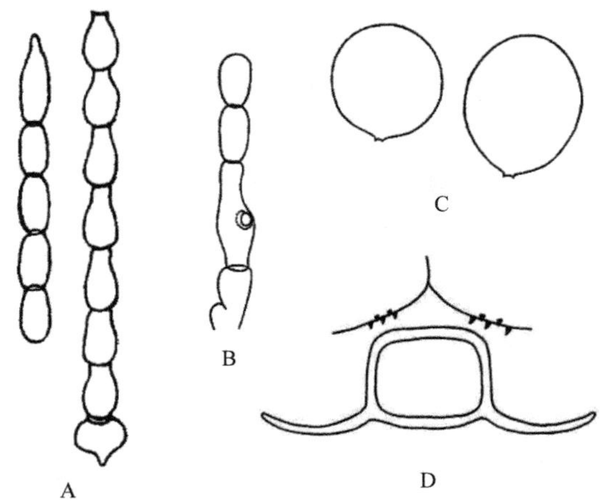

A—触角；B—触须；C—受精囊；D—殖下板。

图 5-12　寒冷铗蠓 *Forcipomyia frigidus* Liu & Yu, 2001

（41）海拉铗蠓 *Forcipomyia hailaerensis* Liu & Yu, 2005（图 5-13）

特征：雌虫翅长 1.40mm，宽 0.59mm。复眼小眼面间无柔毛。触角鞭节基部各节近瓶状，端部延长不明显，AR 0.81。触须 5 节，第 3 节基部膨大，感觉器窝圆形，位于基部膨大处，PR 3.0；第 4、5 节分离。大颚无齿。胸部棕黄色。翅面淡色无斑，大毛密布，CR 0.49。平衡棒淡色。各足一致淡黄色。爪明显弯曲，基部无突起，端部不分叉，爪间突发达。后足胫节端鬃 5 根，梳齿 11 枚。腹部棕黄色。受精卵 2 个，短颈，不等大。殖下板前缘突起圆钝，内孔近似方形。

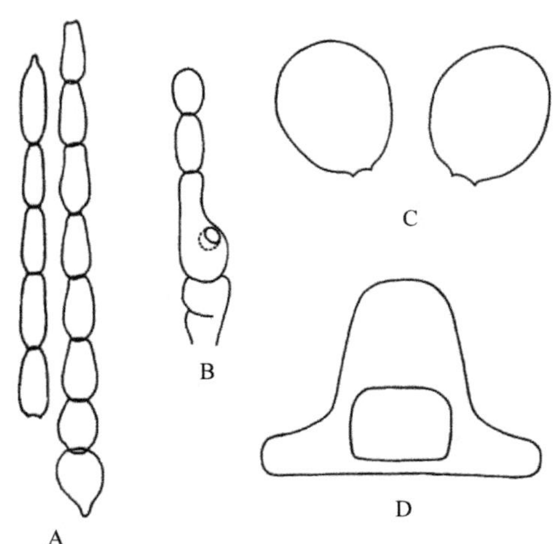

A—触角；B—触须；C—受精囊；D—殖下板。

图 5-13　海拉铗蠓 *Forcipomyia hailaerensis* Liu & Yu, 2005

观察标本：1♀，内蒙古大兴安岭汗马国家级自然保护区，波诺河，海拔 854m，

2015.VIII.28，史丽；1♀，内蒙古大兴安岭汗马国家级自然保护区，牛耳湖，海拔871m，2015.VII.26，史丽；2♀♀，内蒙古大兴安岭汗马国家级自然保护区，救助站，海拔847m，2015.VIII.24，史丽。

分布：内蒙古。

（42）长柄铗蠓 *Forcipomyia mercuratas* Liu, Yan & Liu, 1996（图 5-14）

特征：雌虫翅长 0.64mm，宽 0.30mm。复眼邻接，小眼面间无柔毛。触角鞭节基部各节近似盘状，AR 0.93。触须 5 节，第 3 节基部 2/3 膨大，感觉器窝位于膨大部，PR 1.78；第 4、5 节分离，第 5 节短于第 4 节。大颚具有 36 枚细齿，小颚齿 6 枚。胸部盾板和侧板均为棕黄色，小盾片棕色。翅面大毛密布，基室无大毛，CR 0.52。平衡棒棕黄色。后足胫节端鬃 5 根，梳齿 11 枚。腹部淡黄色。受精囊 1 个，葫芦状，有弯曲长颈，颈长约为受精囊长的 1/3。殖下板桥拱状，内缘有深色斑。

观察标本：3♀♀，内蒙古大兴安岭汗马国家级自然保护区，波诺河，海拔 854m，2015.VIII.28，史丽；1♀，内蒙古大兴安岭汗马国家级自然保护区，果洛托尼亚基河，海拔 976m，2015.VII.30，史丽。

分布：内蒙古、海南。

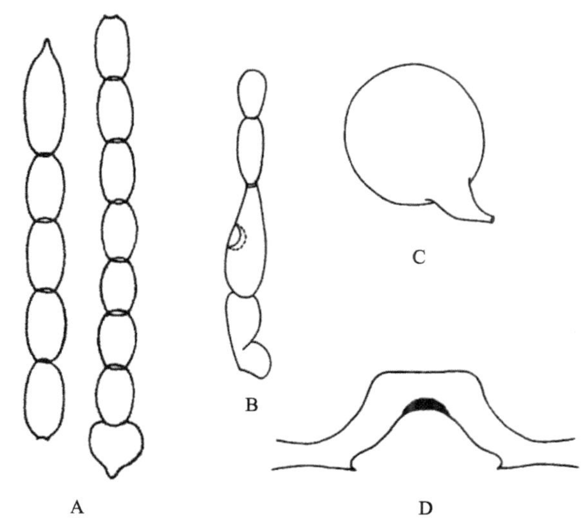

A—触角；B—触须；C—受精囊；D—殖下板。

图 5-14　长柄铗蠓 *Forcipomyia mercuratas* Liu,Yan & Liu,1996

（43）项角铗蠓 *Forcipomyia monilicornis* (Coquillett, 1905)（图 5-15）

特征：雌虫翅长 1.06mm，宽 0.51mm。复眼小眼面间无柔毛。触角鞭节基部各节圆形，端部 5 节明显延长，AR 1.77。触须 5 节，第 3 节基部 4/5 膨大，感觉器窝浅，位于中部，PR 2.8；第 4、5 节分离，第 5 节细小。胸部棕色，侧板棕黄色。小盾片后缘有粗鬃 11 根。翅面大毛密布，无斑，CR 0.54。平衡棒淡色。各足一致淡色，爪明显弯曲，爪间突发达。后足胫节端鬃 6 根，梳齿 11～16 枚。腹部淡黄色。受精囊 1 个，球形，颈短。殖下板盔状。

观察标本：2♀♀，内蒙古大兴安岭汗马国家级自然保护区，波诺河，海拔 854m，2015.VIII.28，史丽。

分布：内蒙古、黑龙江、四川、甘肃、广西；阿塞拜疆，蒙古国，澳大利亚；欧洲各国；北美各国；非洲各国。

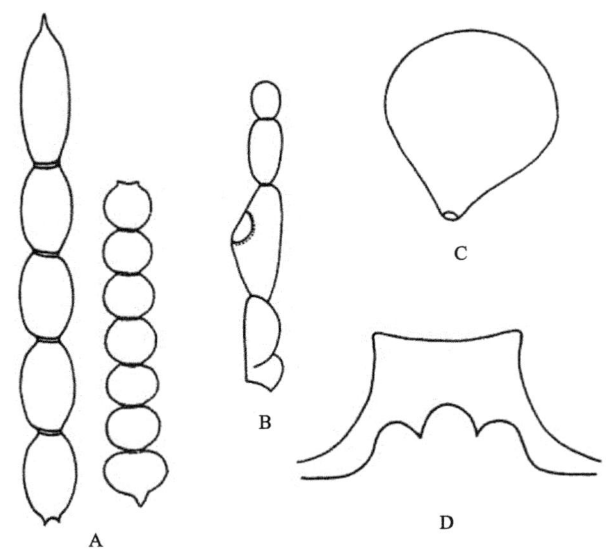

A—触角；B—触须；C—受精囊；D—殖下板。

图 5-15　项角铗蠓 *Forcipomyia monilicornis* (Coquillett, 1905)

（44）无锡铗蠓 *Forcipomyia wuxiensis* Liu & Yu, 2001（图 5-16）

特征：雌虫翅长 1.15mm，宽 0.48mm。复眼小眼面间无柔毛。触角鞭节基部各节近球形，端部 5 节延长，AR 1.29。触须 5 节，各节相对长度比为 5∶11∶24∶9∶6，第 3 节明显膨大，呈纺锤形，端部明显小于基部，感觉器窝孔细小，其深度大于该节长的 1/2；第 5 节稍短于第 4 节。大颚狭窄，齿细密，中部稍大，共约 33 枚。小颚具细齿约 10 枚。胸部盾板棕黄色。小盾片后缘有粗鬃 9 根。翅面大毛密布，无斑。除后足胫节基部棕色外，各足一致浅色。后足胫节端鬃 7 根，梳齿 8 枚。腹部棕色。受精囊细小，2 个，梨形，有短颈，等大。殖下板圆环状，全封闭。

观察标本：1♀，内蒙古大兴安岭汗马国家级自然保护区，吉娜米基马河，海拔 931m，2015.VII.31，史丽。

分布：内蒙古、江苏、四川。

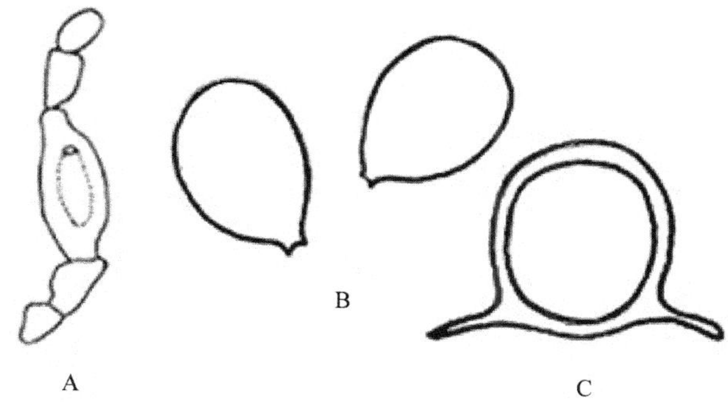

A—触须；B—受精囊；C—殖下板。

图 5-16 无锡铗蠓 *Forcipomyia wuxiensis* Liu & Yu, 2001

参 考 文 献

陈联宏，阿依肯，虞以新，2015. 阜康细蠓新种描述[J]. 中华卫生杀虫药械，21（2）：173-174.

韩振宇，龙驰，吕晓鹏，等，2015. 四川省峨眉山铗蠓属二新种[J]. 中华卫生杀虫药械，21（6）：616-617.

李学成，龙驰，任雅丽，等，2015. 峨眉山发现毛蠓属二新种[J]. 中华卫生杀虫药械，21（2）：169-170.

梁慧杰，马惠新，富英群，等，2014. 萝北县吸血蠓名录及一新种和一中国新记录（双翅目：蠓科）[J]. 中国媒介生物学及控制杂志，25（6）：552-554.

廖忠友，王飞鹏，虞以新，2015. 峨眉山的库蠓及一新种描述[J]. 寄生虫与医学昆虫学报，22（1）：52-54.

刘国平，董爱明，2016. 中国库蠓属屋室亚属二新种描述[J]. 中国媒介生物学及控制杂志，27（6）：580-584.

刘金华，严格，刘国平，1996. 海南岛的蠓类[M]. 北京：军事医学科学出版社.

刘仰青，陈海婴，虞以新，2016. 江西省毛蠓属二新种（双翅目：蠓科）[J]. 中国媒介生物学及控制杂志，27（5）：498-500.

聂维忠，薄景信，刘恩东，等，2015. 一艘入境船舶截获输入性活蠓及一新种雪绒花短蠓[J]. 中华卫生杀虫药械，21（6）：618-619.

聂维忠，薄景信，杨晨光，等，2015. 秦皇岛港入境船舶截获输入性活蠓及贝蠓属一新种（双翅目：蠓科）[J]. 中国国境卫生检疫杂志，38（6）：381-389.

聂维忠，薄景信，虞以新，2016. 在入境船舶上采获毛蠓属一新种（双翅目：蠓科）[J]. 中国媒介生物学及控制杂志，27（1）：44-45.

任清明，王峰，王旭，等，2016. 中朝俄边境吸血蠓及一新种（双翅目：蠓科）[J]. 中国媒介生物学及控制杂志，27（4）：374-377.

杨军，刘国平，杨芳，2016. 黑龙江省红星火山岩区吸血蠓及一新种（双翅目：蠓科）[J]. 中国媒介生物学及控制杂志，27（1）：46-47.

余静，邓成玉，石清明，等，2015. 云南毛蠓名录及一新种描述（双翅目：蠓科）[J]. 中国媒介生物学及控制杂志，26（3）：303-305.

余静，王飞鹏，石清明，等，2015. 云南省安宁蠓类一新种及一新记录（双翅目：蠓科）[J]. 中国媒介生物学及控制杂志，26（5）：498-499.

虞以新，2005. 中国蠓科昆虫[M]. 北京：军事医学科学出版社.

虞以新，严格，2015. 毛蠓八新种（双翅目：蠓科）[J]. 寄生虫与医学昆虫学报，22（3）：198-204.

周旭，刘国平，2015. 中国库蠓属傲蠓亚属及一新种（双翅目：蠓科）[J]. 中国媒介生物学及控制杂志，26（1）：69-71.

BORKENT A, 2015. World species of biting midges (Diptera: Ceratopogonidae)[DB/OL]. http://www.inhs.uiuc.edu/research/FLYTREE/Borkent.html.

COQUILLETT D W, 1905. New nematocerous Diptera from North America[J]. Journal of the New York Entomological Society, 13: 63.

EDWARDS E W, OLDROYD H, SMART J, 1939. British blood-sucking flies[Z]. London: British Museum.

HAN X J, LI X F, HOU X H, 2015. A new species of the genus *Forcipomyia* (Lepidohelea) (Diptera: Ceratopogonidae) in China[J]. Florida Entomologist, 98(2): 759-761.

KIEFFER J J, 1906. Diptera. Fam. Chironomidae[M]//WYTSMAN P. Genera insectorum, fasc. 42. Bruxelles: L. Desmet-Verteneuil: 53.

KIEFFER J J, 1911. Nouvelles descriptions de chironomides obtenus d'éclosion[J]. Bulletin de la Société d'Histoire Naturelle de Metz, 27: 5.

LATREILLE P A, 1809. Genera crustaceorum et insectorum secundum ordinem naturalem in familias disposita, iconibus exemplisque plurimis explicata. Vol. 4[M]. Paris and Strasbourg: A. Koenig.

LIU J H, YAN G, LIU G P, et al., 2001a. Forcipomyiinae of China (Diptera: Ceratopogonidae) I. General introduction and the genus *Atrichopogon* Kieffer, fauna of China[M]. Bellevue W. A.: Magnolia Press.

LIU J H, YAN G, LIU G P, et al., 2001b. Forcipomyiinae of China (Diptera: Ceratopogonidae) II. General introduction and the genus *Forcipomyia* Meigen, fauna of China[M]. Bellevue W. A.: Magnolia Press.

MEIGEN J W, 1818. Systematische Beschreibung der bekannten europäischen zweiflügeligen Insekten[M]. Aachen: Erster Theil.

TOKUNAGA M, 1940. Chironomoidea from Japan (Diptera), XII new or little-known Ceratopogonidae and Chironomidae[J]. Philippine Journal of Science, 72: 273.

WANG F P, HUANG E J, ZHANG L L, et al., 2015. Two new species of the genus *Dasyhelea* Kieffer (Diptera: Ceratopogonidae) from China[J]. Oriental Insects, 48(3-4): 312-315.

（十五）摇蚊科 Chironomidae

王新华[1]，宋超[1]，刘文彬[2]，孙冰皎[1]，林晓龙[1]

（1. 南开大学生命科学学院，天津，300071；2. 天津师范大学生命科学学院，天津，300387）

特征：成虫微小至中型，多纤长脆弱，但大型的种类则较为粗壮，与蚊虫相似。体色多样，可有鲜明的色斑。体不具鳞片。头部相对较小。复眼发达，小眼面之间可生有小毛，无单眼。触角柄节退化几乎不可见；梗节发达，球状；鞭节丝状，雌雄二型，雄虫触角鞭节长，多为 11～15 节，各节具若干轮状排列的长毛；雌虫触角短，鞭节 5～8 节，无轮毛。口器退化：上唇及下唇均为简单的肉质叶，下唇两侧可见由 1 节组成的肥厚的下唇须，上颚完全消失，下颚可见退化的叶节和发达的 4～5 节的下唇须。前胸很小，前胸背板呈窄领状；中胸盾片常具 3 条“品”字排列的纵走骨化带；后盾片常有 1 纵中缝或中脊。翅狭长，覆于背上时常不达腹端。C 脉终止于翅顶附近，不环绕全翅；Sc 脉微弱；R 脉分为 R_1、R_{2+3} 和 R_{4+5} 支。翅多数透明一色，也可有由色素或密集的小毛组成的花斑。翅无鳞片，但翅面及翅缘可有毛。少数种类的翅变形，较为短宽，C 脉与 R 脉愈合成宽大的翅痣状构造。足细长，前足常明显长于中足和后足，并常举起摆动。中后足胫节端部多生有胫栉和 1～2 根胫距；跗节 5 节。腹部狭长，雄虫第 9、10 腹节形成尾器，

第 9 腹节背板端部中央常向后伸出形成肛尖，第 10 腹节具 1 对分为 2 节的抱器，分别称为抱器基节和抱器端节。除摇蚊亚科抱器两节间不能弯曲外，其余亚科抱器端节可不同程度地向内弯折。抱器基节生有 2 对附器（上附器和下附器）。雌虫第 9、10 腹节退化，具尾须 1 对，一般具有 2～3 个骨化的受精囊。

分布：世界已知 405 属 6300 余种，中国记录 146 属约 1000 种，汗马保护区分布 9 属 11 种。

分属检索表

1. 抱器端节可动且常折于抱器基节内面，前足第 1 跗节短于胫节 7
- 抱器端节与基节愈合，前足第 1 跗节长于胫节 2
2. 翅密被大毛；腋瓣无缘毛；RM 脉与 R_{4+5} 脉相互平行 5
- 翅有或无大毛；若具大毛，则腋瓣具缘毛；RM 脉与 R_{4+5} 脉斜向平行 3
3. 触角 11 节 .... 雕翅摇蚊属 *Glyptotendipes*
- 触角 13 节 4
4. 第 8 背板前沿不变窄，非三角形 .... 摇蚊属 *Chironomus*
- 第 8 背板前沿变窄，三角形 .... 多足摇蚊属 *Polypedilum*
5. 中附器叶状刚毛愈合形成盘状结构；抱器端节变窄；无指附器 ....
.... 流长跗摇蚊属 *Rheotanytarsus*
- 中附器刚毛不愈合；抱器端节不变窄；指附器常存在 6
6. 胫栉有 2 个距；臀嵴突长宽大约相等，外观呈圆形 ....
.... 拟长跗摇蚊属 *Paratanytarsus*
- 胫栉通常无距，偶有 1 个距；臀嵴突长大于宽，外观不呈圆形 ....
.... 小突摇蚊属 *Micropsectra*
7. 背中鬃弯，常着生在盾片的浅色区域 .... 环足摇蚊属 *Cricotopus*
- 背中鬃直立，很少着生在盾片浅色区 8
8. 触角具 1 粗壮的亚端刚毛 .... 施密摇蚊属 *Smittia*
- 触角无粗壮的亚端刚毛 .... 沼摇蚊属 *Limnophyes*

26. 摇蚊属 *Chironomus* Meigen, 1803

特征：体型中到大型。触角 11 节，AR 远大于 2.0；复眼光裸，明显向背中部平行延伸，通常有明显的额瘤（*C. obtusidens* 缺失），下唇须 5 节，第 3 节近端部有感觉棒。前胸背板两侧叶在背中部有缺刻但并不分离（*Chaetolabis* 背中部有缝），盾片未覆盖前胸背板，盾片瘤通常消失，中鬃单列或双列，起点靠近前缘，背中鬃 2 至多列，翅前鬃单至双列，小盾片鬃无序至双列。翅膜质部分没有刚毛，有明显刻点，臀叶钝圆至不明显，C 脉不延伸，R、R_1、R_{4+5} 脉有刚毛，腋瓣有缘缨。前足胫节有圆形鳞片，无距；跗节有或无毛；中后足胫节具有排列紧密的胫栉，有强壮的胫距，伪胫距缺失，中后足第 1 跗节前端 1/2 处具有毛形感器，爪垫简单，叶状，长度为爪的 1/2 至与爪等长。腹部背板有分散或密集的刚毛。第 9 背板在肛尖两侧延伸呈叶状，中部刚毛缺失；或者第 9 背板末端圆润，不延伸呈叶状，中部刚毛通常存在，上附器宽有刚毛或微刺，且有短的指向顶端或顶端中部的延伸；或者第 9 背板末端圆润，不延伸呈叶状，中部刚毛通常存在；上附器基部呈宽大叶状，具有刚毛和微刺，顶端呈光裸的加长的指状；或者第 9 背板末端圆润，不延伸呈叶状，中部刚毛通常存在；上附器基部小，不明显，有微刺，端部呈光裸的、变化多样的指状。

分布：世界性广布。世界已知 303 种，中国记录 24 种，汗马保护区分布 1 种。

（45）溪岸摇蚊 *Chironomus riparius* Meigen, 1840（图 5-17）

特征：翅无色斑，额瘤发达，长是宽的 2～4 倍，前足第 1 跗节无长刚毛，腹部第 2～4 节背板中央有圆形色斑，第 9 背板中央有明显的圆形区域，上附器基部宽阔，延伸部分似靴状，末端圆润，下附器末端长达抱器端节一半处。体长 4.70～6.63mm，翅长 2.53～3.63mm。头部、胸部棕色，腹部浅黄色，足浅黄色，跗节关节处及第 4 跗节、第 5 跗节棕色。第 9 背板中部具有 5～14 根长刚毛，肛节侧片具 3～6 根刚毛，肛尖两侧近乎平行，端部稍膨大，末端圆润；阳茎内突长 137.5～155μm，横腹内生殖突长 95～150μm。上附器基部宽大，延伸部分似靴状，末端圆润，长 60～115μm，宽 25～35μm；下附器末端长达抱器端节中部，长 125～190μm，具 10～21 根长刚毛，抱器基节长 207.9～267.3μm；抱器端节长 168.3～237.6μm。

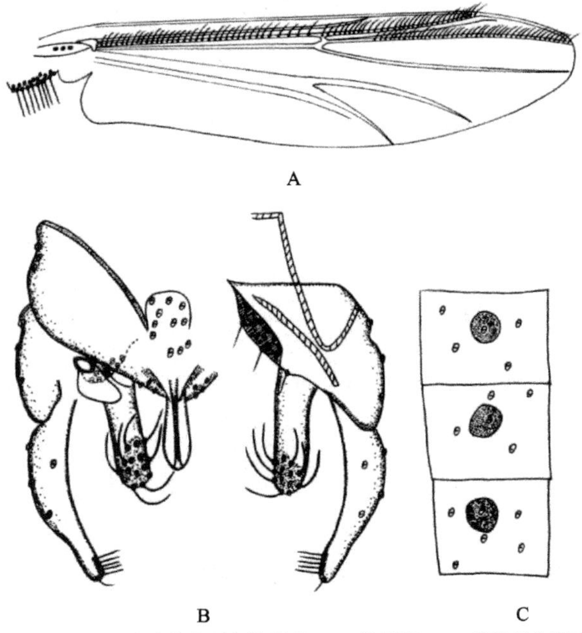

A—翅；B—生殖节背面和腹面观；C—腹部第 2～4 节背板色斑形状。

图 5-17　溪岸摇蚊 *Chironomus riparius* Meigen, 1840

观察标本：4♂♂，内蒙古大兴安岭汗马国家级自然保护区，2015.VIII.28，史丽。

分布：内蒙古、天津、陕西、重庆、福建、云南；北极洲、北美洲、欧洲、非洲均有分布。

27. 环足摇蚊属 *Cricotopus* Wulp, 1804

特征：体型小型至大型不等，翅长至4mm。足和背板通常有色斑间隔及明亮颜色的色环。触角多为13鞭节，极少具有6、8或10鞭节，环毛发达，毛形感器位于触角的第2～3鞭节及13鞭节或者都位于第1鞭节（鞭节数量急剧减少）。触角末端不具末端毛，AR 0.3～2.1，通常为1.0～2.0。复眼多毛，复眼具或不具有背部延伸，颞毛单列或多列，内顶鬃存在或缺失，或者内顶鬃、外顶鬃分离，额瘤极少存在，幕骨宽为基部的1/2。前胸背板侧叶完好，背中部有V形缺刻并且分离，前胸背板鬃存在或缺失。中鬃发生于前胸背板；背中鬃弯曲，常多列，翅前鬃单列至多列，翅上鬃存在或缺失，小盾片鬃常多列。后背板、后上前侧片、前前侧片偶具刚毛。翅膜区无毛，常具刻点，臀角完好较圆。前缘脉略有延伸；R_{2+3}脉终止于R_1脉和R_{4+5}脉中间或接近于R_1脉；R_{4+5}脉终止于M_{3+4}脉的背部末端；FCu脉远离RM脉，Cu_1脉直或略微弯曲，极少具刚毛，R_1脉有毛或者无毛，R_{4+5}脉无毛。腋瓣具有缘毛。多数种足具色环，中足、后足极少具1根胫距，伪胫距缺失，毛形感器在中、后足第1跗节存在或缺失，爪垫小、缺失。肛尖常缺失，如果存在，则非常小、尖，很少超出第9背板，常具刚毛，偶尔裸露。阳茎刺突缺失或存在（伪环足亚属）。上附器常存在，当存在时，常分化，扁平、圆状或驼峰状。下附器存在，形态多样，简单、叶状或被腹叶成对。抱器端节简化，亚端背脊狭窄并在顶端具有刚毛1～4根，抱器端棘存在或缺失。

分布：世界性广布。世界已知222种，中国记录18种，汗马保护区分布1种。

（46）林间环足摇蚊 *Cricotopus sylvestris* (Fabricius, 1979)（**图5-18**）

特征：头部、胸部均为较深棕色；翅浅黄色接近透明；腹部第1背板浅黄色、第2、3背板棕色，第4、5背板前部1/3浅黄色，第6背板棕色，第7背板后部1/2浅黄色，或者第1背板浅黄色，第2、3背板前部1/3浅黄色，第6背板浅黄色且中间具有棕色圆点，第5背板前部有浅黄色条带，第6、7背板后部具浅黄色条带，其余背板均为棕色；足具条带：前足颜色较中足、后足深，前足腿节前部1/2浅黄色，胫节中部大部分浅黄色，其余均棕色；中足、后足的腿节、胫节均与前足相同，但第1、2跗节前部大部分浅黄色，其余均棕色。第9背板有7～8根毛。第9肛节侧片有2～5根毛。阳茎内突长48～88μm，横腹内生殖突长90～118μm，具角状突起。抱器基节长195～230μm，上附器近似三角状，顶端较圆。抱器端节长93～115μm，下附器简单，具12～16根长刚毛。

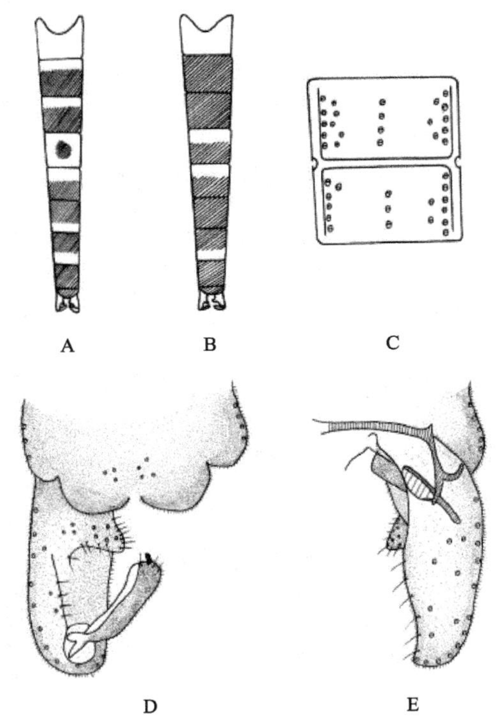

A、B—腹部；C—第 3～4 背板；D、E—生殖节。

图 5-18　林间环足摇蚊 *Cricotopus sylvestris* (Fabricius, 1979)

观察标本：6♂♂，内蒙古大兴安岭汗马国家级自然保护区，2015.IX.17，史丽。

分布：内蒙古、天津、河北、辽宁、江苏、浙江、福建、山东、湖北、四川、贵州、云南、甘肃、青海、宁夏、台湾；新热带区、新北区、古北区、东洋区。

28. 雕翅摇蚊属 *Glyptotendipes* Kieffer, 1913

特征：体型中等，翅长可达 3.5mm。触角 11 鞭节，AR 超过 2.0。复眼裸露，具两侧平行的背中突；额瘤存在，通常发育良好；下唇须 5 节，靠近第 3 节顶端有若干个感觉棒。前胸背板基部宽，中部窄，在背部分离呈 V 形缺口。盾片稍微超过前胸背板，无盾片瘤。中鬃单列至两列；背中鬃单列至多列；翅前鬃单列至两列；小盾片鬃无序至两列。翅膜区无毛，有明亮的刻点。臀域部分有更明亮的刻点。臀叶钝圆或不明显。C 脉不延伸；R_{4+5} 脉末端接近翅缘；R_{2+3} 脉终止于 R_1 脉和 R_{4+5} 脉端部 1/3 处；肘脉叉与 RM 相对。R、R_1 和 R_{4+5} 脉上有刚毛。腋瓣具大量缘毛。前足胫节无胫距，有圆的鳞状突，跗节通常有须状毛，有时长而稀少，有时短而密或者很少。中后足有相似的胫栉，各胫栉有 1 长的胫距。伪胫距消失。中后足第 1 跗节端部 1/2 处有毛形感器。爪垫叶状，与爪的长度相当。腹部背板刚毛密，分布均匀，第 2 或第 3～6 节有马蹄状斑痕。肛节背板带明显，中部愈合，背板中部刚毛呈椭圆形排列，端部刚毛短。肛尖基部窄，端部膨大，T 形。上附器基部具有短的刚毛和微毛，向端部方向逐渐变细，呈光裸弯曲的指状，顶端钩状。中附器消失。下附器端部近似棒状，相对较短，不及肛尖顶端，遍布微毛，端部有很多刚毛。抱器端节与基节分隔明显，抱器基节内部边缘为刀锋状。腹内横生殖突宽圆，无凸起部分。

分布：古北区、新北区、新热带区和东洋区分布。世界已知 34 种，中国记录 8 种，汗马保护区分布 1 种。

（47）德永雕翅摇蚊 *Glyptotendipes tokunagai* Sasa, 1979（图 5-19）

特征：额瘤明显；肛背板条带明显，第 9 背板中部有刚毛，并且被未封闭的黑色条带包围，条带与肛背板条带接触；肛尖中部细，端部钝圆；抱器端节端部略缢缩。体长 3.23～5.00mm；翅长 2.32～7.03mm；全身棕褐色或棕色。肛背板条带明显，第 9 背板中部有刚毛，并且被未封闭的黑色条带包围，条带与肛背板条带接触；背板侧刚毛 3～6 根；肛尖中部细，端部钝圆；上附器指状，长 90～135μm，基部具微毛，指向中部的刚毛，端部呈光裸的牛角状；下附器细长，长 145～203μm，端部略宽，具长的弯刚毛。抱器基节长 250～360μm。抱器端节端部略缢缩，长 190～320μm。

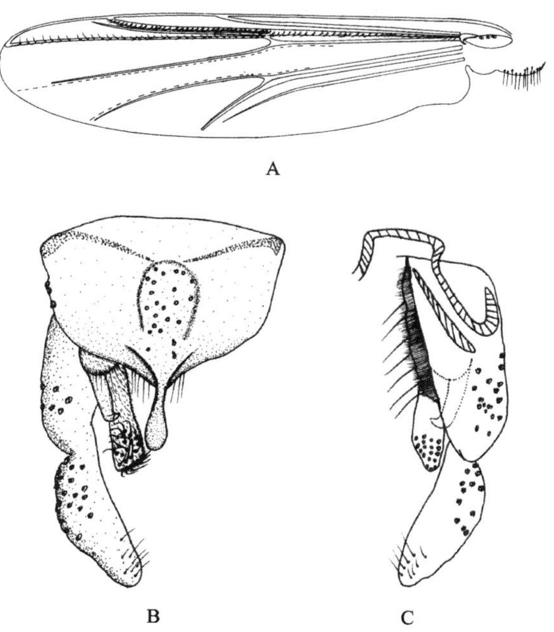

A—翅；B—生殖节背面观；C—生殖节腹面观。

图 5-19 德永雕翅摇蚊 *Glyptotendipes tokunagai* Sasa, 1979

观察标本：6♂♂，内蒙古大兴安岭汗马国家级自然保护区，2015.XIII.28，史丽。

分布：内蒙古、河北、河南、陕西、福建、湖南、贵州、云南；俄罗斯，日本。

29. 沼摇蚊属 *Limnophyes* Eaton, 1875

特征：体小型至中型，翅长0.3～2.4mm，体浅棕色至黑色。触角7～13鞭节，多数为13鞭节，毛形感器位于触角的第2、3节和最末节，第4～6鞭节也常具有毛形感器。AR 0.3～2.8。下唇须第3节具有1～2根感觉棒。前胸背板强烈发达，前部与盾片分离，背部有至少1根刚毛，后部最多有17根刚毛。一般具有中鬃，短且弯曲，背中鬃数目较少，单列或者多列，常具有披针形或刀状的肩鬃和前小盾片鬃，翅前鬃单列，有些种类翅前鬃延伸到肩部，小盾片鬃单列。肩陷区突出。翅膜区无毛，具有粗糙的点状微毛，臀角退化，略微发达，少数种类成直角。前缘脉轻微延伸或中度延伸；R_{2+3}脉终止于R_1脉和R_{4+5}脉中间，有些种类向R_{4+5}脉弯曲；R_{4+5}脉终止于M_{3+4}脉终点的背部或上部；Cu_1脉强烈弯曲，FCu脉在RM脉的背部。伪胫距和爪垫缺失，感觉棒存在于中足第1跗节，有些种类的后足及少数种类的前足也有感觉棒。腹部第9节密生刚毛，但一般较短，比微毛略长，肛尖由略发达到十分发达。阳茎内突强烈骨化，阳茎叶也十分发达，常骨化。阳茎刺突常十分发达。上附器缺失，少数种类较发达；下附器在少数种类中缺失，发达或者略发达，常出现双下附器，略呈三角形，少数种类下附器较大且较圆。抱器端节的形状在种内和种间都有变化，常具有发达的、颜色较深的抱器端棘；亚端背脊明显，有些种类的亚端背脊超过抱器端棘，也有一些种类抱器端棘缺失，颜色浅，或呈毛状。

分布：世界性广布。世界已知92种，中国记录18种，汗马保护区分布1种。

（48）微小沼摇蚊 *Limnophyes minimus* (Meigen, 1818)（图5-20）

特征：头部和胸部均为深棕色，腹部和足棕色，翅透明。该种不具有披针形肩鬃，肩陷区具有微弱骨化的边缘，具有极少数或者不具有前小盾片鬃，且仅具有上前前侧片鬃，小的三角形或者较圆钝的肛尖，阳茎刺突由2～3根逐渐变细的刺构成，长13～16μm。抱器基节长88～125μm，下附器略呈三角形。抱器端节长45～67μm，具有长而低的亚端背脊；抱器端棘8～12μm。

观察标本：3♂♂，内蒙古大兴安岭汗马国家级自然保护区，2015.VIII.28，史丽。

分布：内蒙古、宁夏、天津、新疆、重庆、福建、广西、贵州、湖北、湖南、江西、四川、西藏、台湾、云南；热带区、新热带区、新北区、古北区、东洋区常见种。

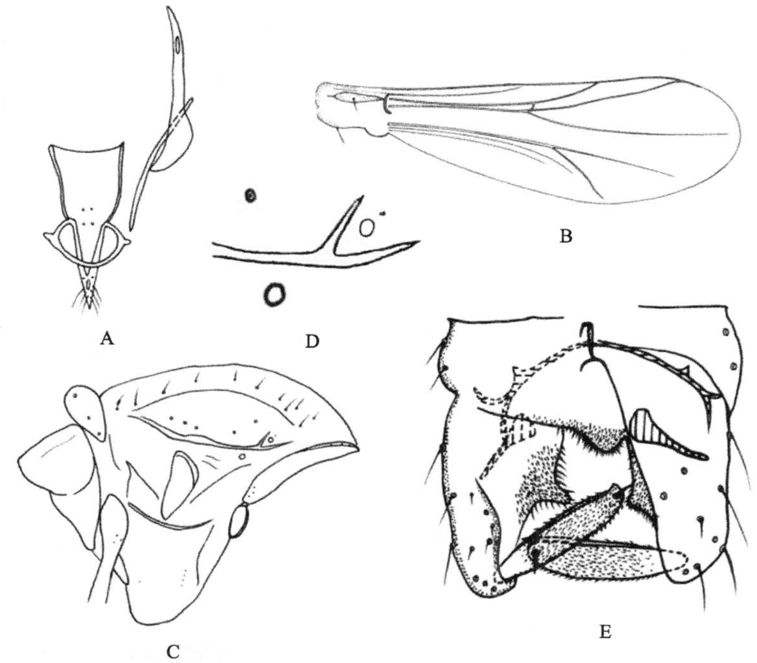

A—幕骨、食窦泵和茎节；B—翅；C—胸部；D—肩陷区；E—生殖节。

图 5-20　微小沼摇蚊 *Limnophyes minimus* (Meigen, 1818)

30. 小突摇蚊属 *Micropsectra* Kieffer, 1909

特征：翅长 0.88～4.50mm，体黄色、绿色或棕色。具橙色、棕色或褐色的色带。触角 13 节，AR 0.32～1.50。复眼光裸或具极少微毛，背中侧延伸。具额瘤（极少缺失）。下唇须发达。前胸背板叶中部分离；小盾片超过前胸背板，盾片瘤缺失；中鬃 1～2 列 13～24 根；背中鬃单列 9～22 根；翅前鬃 2～6 根；翅上鬃缺失；小盾片单列 6～11 根。翅膜区具刻点，远端 2/3 处或覆盖刚毛。C 脉末端接近 M_{3+4} 顶端，R_{2+3} 不明显；臀叶略发达，腋瓣无毛。前足胫节胫距有或无；中、后足胫栉连续或分离不明显，无胫距，极少胫栉具 1 胫距。爪垫小。肛尖长，到肛尖末端逐渐变窄或肛尖平行远端变圆（极少有缺口），肛尖具 1 对长肛脊，无短刺。上附器形状变异较大，常呈长条形或圆形，经常长有微毛。指附器长或无。下附器修长，圆筒状远端卷曲或顶部弯折，或细长而弯曲。中附器长或短，常弯曲具远端刚毛。

分布：世界性广布。世界已知 120 种，中国记录 16 种，汗马保护区分布 1 种。

（49）等小突摇蚊 *Micropsectra chuzeprima* Sasa, 1984（图 5-21）

特征：体色黄绿色或棕黄色。具有或不具有棕斑。体长 1.90～2.96mm，翅长 1.51～1.79mm。AR 1.11～1.40。触角、足、腹部棕色。额瘤无。雄成虫尾器：臀板带 V 形，中间分离。背板具有 3～5 根中间刚毛。肛尖窄，两侧平行，顶端尖，基部每侧具有 3～4 根侧生刚毛。第 9 背板具有侧齿。臀脊尾部 1/2 融合。上附器指状。后缘平截。指附器刀状，顶尖，未伸出上附器内缘。中附器基部内侧 1/2 具有镰刀状刚毛，顶端 1/2 勺子状刚毛外折。生殖节比（HR）0.93～1.06，生殖节值（HV）1.75～2.40。

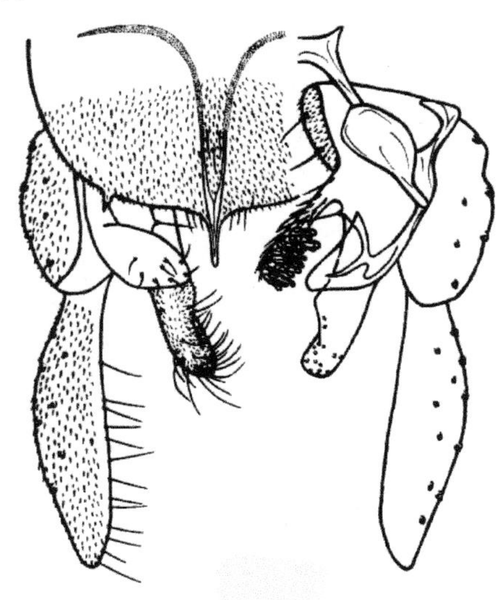

图 5-21　等小突摇蚊 *Micropsectra chuzeprima* Sasa, 1984

观察标本：3♂♂，内蒙古大兴安岭汗马国家级自然保护区，2015.VIII.28，史丽。

分布：内蒙古、河北、宁夏、河南、四川、湖北；日本。

31. 拟长跗摇蚊属 *Paratanytarsus* Thienemann & Bause, 1913

特征：翅长 1.30～1.35mm。体黄色、绿色、棕色或黑色；色带分离，红色、棕色或黑色，有时色带不明显。触角 13 节。复眼光裸，有背中部延伸。额瘤通常存在。前胸背板叶分离，小盾片超过前胸背板。翅膜区具毛，远端 1/4～1/2 处浓密。C 脉不延伸，R_{4+5} 脉末端接近 M_{3+4} 脉顶端，R_{2+3} 脉不明显；RM 脉接近 FCu 脉。臀叶略发达。胸瘤存在或发达。前足具有短胫距；中后足具分离的胫栉，胫栉具 1 胫距。中足第 1 跗节远端多达 10 个感觉毛。第 9 背板带分离，背板刚毛分成两簇。肛尖短而宽，远端呈圆形或三角形；肛脊短但明显，肛脊间有成簇的短刺毛。上附器圆形，两侧微毛有或无；指附器发达，常超过上附器的边缘。下附器延伸过抱器端节，有时远端分成大小不一的两叶。中附器大小和形状不一，常伴有远端勺状刚毛。

分布：世界性广布。世界已知 63 种，中国记录 8 种，汗马保护区分布 1 种。

（50）细拟长跗摇蚊 ***Paratanytarsus tenuis*** **(Meigen, 1947)（图 5-22）**

特征：额瘤存在，呈圆柱状，10～16μm；AR 1.23～1.85。体棕黄色，胸部具棕色色带，触角、足棕色，腹部黄棕色。体长 3.44～3.56mm；翅长 2.42～2.44mm。臀板具有发达的侧齿，臀板带 V 形在中部分离。背板中部具有两排长刚毛。肛尖宽，26～36μm，具 1 对肛脊，肛脊基部有 4～8 根刚毛。抱器基节 148～165μm。上附器三角状，具 4～7 根背刚毛和 4～6 根内缘刚毛。指附器逐渐变窄，顶端渐圆，末端可超出上附器。中附器 68～90μm，侧缘无刚毛，内缘具 4～7 根刚毛。下附器 130～140μm，顶端分裂成两叶，具有 18～24 根刚毛。抱器端节 160～180μm。生殖节比（HR）0.87～1.03，生殖节值（HV）1.98～2.20。

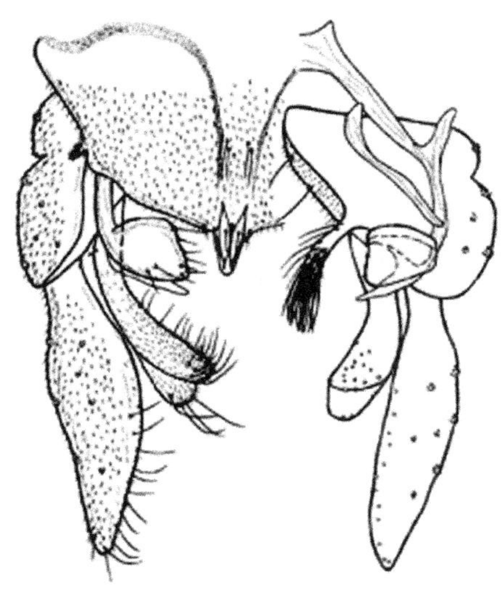

图 5-22 细拟长跗摇蚊 *Paratanytarsus tenuis* (Meigen, 1947)

观察标本：4♂♂，内蒙古大兴安岭汗马国家级自然保护区，2015.VIII.28，史丽。

分布：内蒙古；古北区和新北区广泛分布。

32. 多足摇蚊属 *Polypedilum* Kieffer, 1912

特征：体小至大型，翅长 0.70～3.50mm。体色淡或黑，翅具翅斑或呈褐色，足有时具各种黑色环。鞭节多数 13 节，偶尔 6 节。触角毛发达或退化（短且稀）。AR 0.20～3.50。复眼光裸，背中部具边缘平行的突起。额瘤缺失，若存在则小。下唇须 5 节，第 3、4 节端部具感觉器。前胸背板叶背部稍窄，前胸背板中部稍分离，前胸背板鬃存在或缺失。盾片达到或稍超过前胸背板，盾片瘤常缺失。中鬃长，两列；背中鬃长，一至多列；翅前鬃一至多列；小盾片鬃一至多列；翅上鬃、前前侧片鬃和上前侧片鬃缺失。翅膜质部分无毛或具有许多大毛（毛翅多足摇蚊亚属和部分三突多足摇蚊亚属），具有中等或大的刻点。臀叶弱或发达。前缘脉不延伸，达翅端部；R_{2+3} 脉常逐渐消失或达 R_1 脉和 R_{4+5} 脉间 1/3 处；FCu 脉与 RM 脉相对或多数远离。R_1 脉和 R_{4+5} 脉具有少或多数毛，偶尔光裸。腋瓣缘毛两个或多个，偶尔光裸。前足胫节鳞片三角形具刺或椭圆形端部圆。中后足胫节前栉宽阔无距，后栉细长具长距，两栉分离。爪垫典型二分叉，常具细长毛。第 8 背板前端逐渐变窄，三角形。肛节背板色带弱，基部未愈合；或发达，基部愈合；包围肛节背板中刚毛。肛节背板中部具有分散排列的或围成椭圆形的长毛，与肛尖两侧的弱毛相分离。第 9 板后端圆或尖，有时平截。肛尖多半细长至宽阔，偶尔缺失。上附器多变，基部多具长毛和微毛，钩状突起光裸或基部 1/2 具微毛，指状部常有或无侧毛；有时指状突起缺失，仅具球拍状基部；基部也可能退化为具 2～3 根长刚毛小突起。中附器缺失。下附器边缘平行或端部棒状，背腹常具微毛，端部常具长刚毛，指向后方。抱器端节形状和长度多变，与抱器基节相连处窄；抱器端节内缘刚毛长，均匀分布不成簇。

分布：世界性广布。世界已知 500 余种，中国记录约 80 种，汗马保护区分布 3 种。

分种检索表

1\. 翅具色斑……二型多足摇蚊 *Polypedilum bullum*
\- 翅无色斑……2
2\. 外侧刚毛位于突起基部……冲绳多足摇蚊 *Polypedilum benokiense*
\- 外侧刚毛位于突起中部……步行多足摇蚊 *Polypedilum pedestre*

（51）冲绳多足摇蚊 *Polypedilum benokiense* Sasa & Hasegawa, 1983（图 5-23）

特征：上附器侧毛从基部伸出，上附器细逐渐弯曲，肛尖边缘平行，但 AR 低且抱器端节的形状不同。体长 2.65～2.97mm，翅长 1.55～1.78mm，体长/翅长=1.60～1.81，翅长/前腿节长=2.38～2.61。体色几乎呈均匀深褐色，腿黄褐色。肛节色带发达，基部愈合。肛节背板中刚毛 10～13 根，肛节侧板具刚毛 3～4 根。肛尖长 60～65μm，从基部逐渐变细，边缘平行。阳茎内突长 75～100μm，横腹内突长 33～50μm。抱器基节长 118～138μm。上附器长 75～83μm，基部内缘具 3～4 根刚毛，基部 1/4 处具 1 侧刚毛。下附器长 78～88μm，端部稍膨大，具 8～10 根分叉的口向刚毛和 1 根端刚毛。抱器端节长 128～135μm，内缘具 4～5 根长的、分叉的刚毛。

观察标本：5♂♂，内蒙古大兴安岭汗马国家级自然保护区，2015.IX.19，史丽。

分布：内蒙古、陕西、福建；日本。

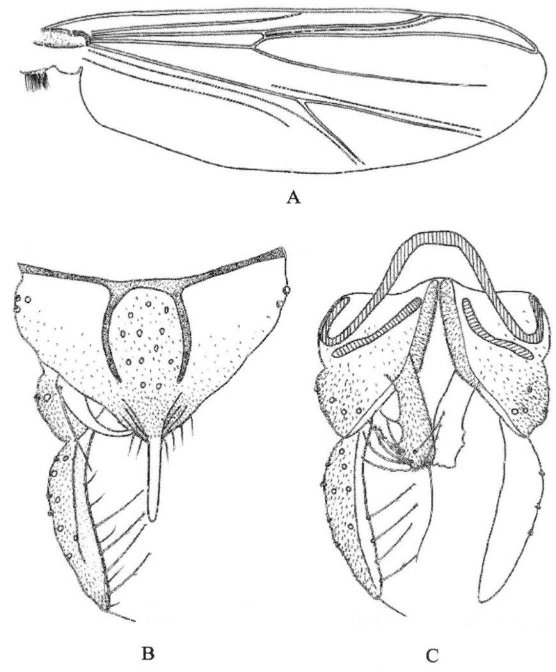

A—翅；B—生殖节背面观；C—生殖节腹面观。

图 5-23　冲绳多足摇蚊 *Polypedilum benokiense* Sasa & Hasegawa, 1983

（52）步行多足摇蚊 *Polypedilum pedestre* (Meigen, 1830)（图 5-24）

特征：体长 4.16～4.64mm，翅长 2.11～2.54mm，体长/翅长=1.79～1.97；翅长/前腿节长=1.94～2.00。头深褐色。胸部深褐色至黑色。前腿节远端 2/3 和胫节深褐色；跗节第 1、2 节近端部褐色；跗节第 3 节远端 1/2、跗节第 4 节远端 1/2 和跗节第 5 节褐色；其余部分黄色。中后足全为黄色。腹部第 1～4 节黄色，第 6～9 节深褐色。肛节色带发达，基部愈合。肛节背板中刚毛 12～17 根；肛节侧板具刚毛 4～5 根。肛尖长 80～160μm，从基部逐渐变细。阳茎内突长 106～143μm，横腹内突长 50～68μm。抱器基节长 223～244μm。上附器长 101～127μm，基部覆有微毛，基部内缘具 1～3 根刚毛，上附器突起的外侧中部具 1 根刚毛。下附器长 154～191μm，具 18～25 根分叉的口向刚毛，端刚毛 1 根。抱器端节长 113～158μm，内缘具 3～5 根长刚毛，端刚毛 1 根。

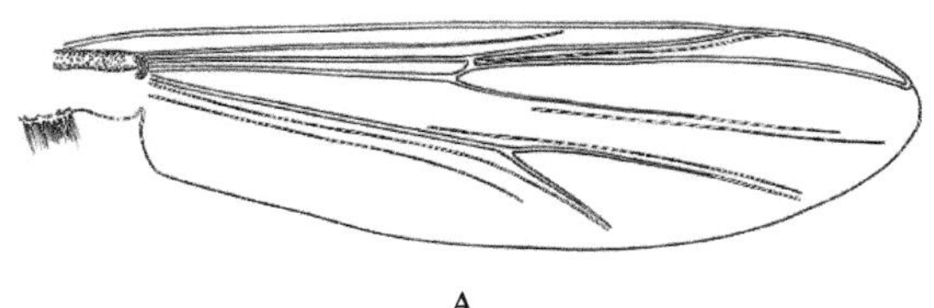

图 5-24　步行多足摇蚊 *Polypedilum pedestre* (Meigen, 1830)

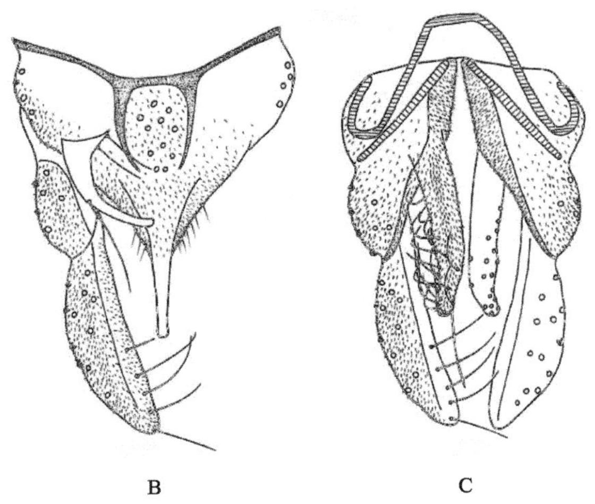

A—翅；B—生殖节背面观；C—生殖节腹面观。

图 5-24（续）

观察标本：3♂♂，内蒙古大兴安岭汗马国家级自然保护区，2015.IX.18，史丽。

分布：内蒙古、陕西、北京；东亚、北美和欧洲均有分布。

（53）二型多足摇蚊 *Polypedilum bullum* Zhang & Wang, 2004（图 5-25）

特征：头褐色。胸部褐色，具褐色条带，后胸背板深褐色。腹部和腿均为褐色。翅具弱的斑纹。触角具 2 种形态，鞭节 5 节或 13 节，5 节时，AR 0.41～0.44；13 节时，AR 1.12～1.25。肛节色带基部愈合，肛节背板中刚毛 6～10 根，肛节侧板具刚毛 3～6 根。肛尖长 80～98μm，细长且边缘平行。阳茎内突长 90～130μm，横腹内突长 50～83μm。抱器基节长 175～205μm。上附器远端突起，弯曲程度变异多，具 1～2 根侧刚毛，上附器内缘具有 1 突起，着生 1～3 根刚毛。下附器长 90～130μm，端部逐渐变细，具 11～15 根口向刚毛，端部具 1 根刚毛。抱器端节长 120～150μm，外缘突起，中部最宽。生殖节比（HR）1.33～1.60，生殖节值（HV）2.32～2.93。

观察标本：2♂♂，内蒙古大兴安岭汗马国家级自然保护区，2015.XIII.28，史丽。

分布：内蒙古、青海。

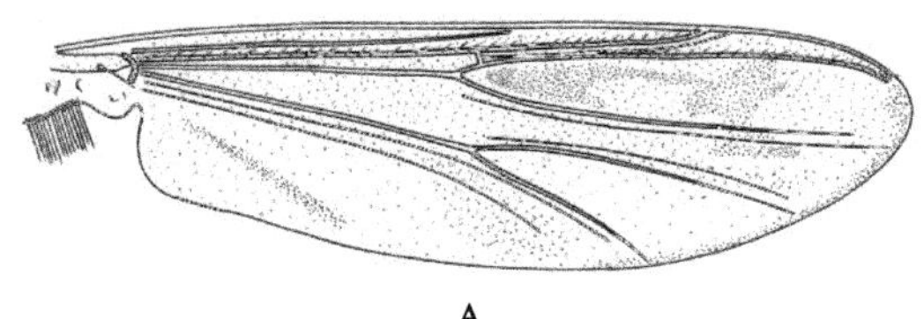

图 5-25　二型多足摇蚊 *Polypedilum bullum* Zhang & Wang, 2004

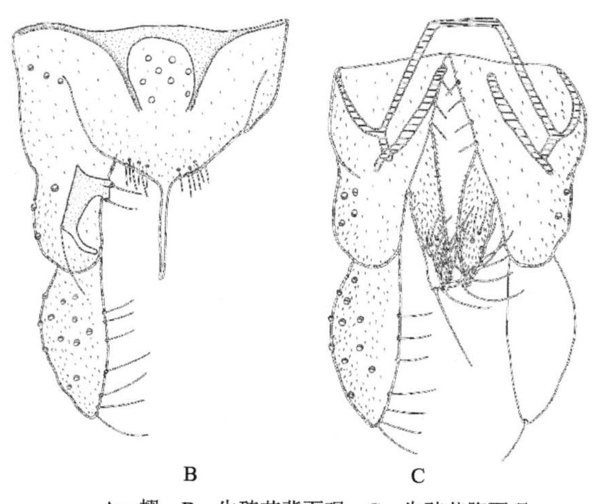

A—翅；B—生殖节背面观；C—生殖节腹面观。

图 5-25（续）

33. 流长跗摇蚊属 *Rheotanytarsus* Thienemann & Bause, 1913

特征：翅长 1.5～3.0mm，体大部分呈黄绿色、绿色，偶呈棕色；胸部色斑浅棕色至黑色。触角常具 13 鞭节，偶具 12 鞭节。AR 0.4～1.5。眼裸，具明显的背中线延伸。额瘤缺。下唇须发育正常。前胸背板叶分离。无盾片瘤。前胸背板鬃缺失；中鬃双列 12～15 根；背中鬃单列 8～15 根；翅前鬃 0～2 根；小盾片鬃单列 5～13 根。翅膜区被毛，尤其端部 1/2 密被刚毛。前缘脉无延伸。R_{4+5} 脉与 R_1 脉十分接近；R_{2+3} 脉缺失；R_{4+5} 脉终止于 M_{1+2} 脉 1/4～1/2 处，M_{3+4} 脉多毛。RM 脉与 FCu 脉接近，臀角不明显。前足顶端具短细的胫距。中后足具分离的胫栉，通常每 1 胫栉具 1 胫距，偶有缺失。中足跗节 1 端部有时具少数毛形感器。无爪垫。第 9 背板带大多分离，很少愈合，多呈 V 形。肛尖细长，常远端膨大，偶具肛脊。上附器与体轴平行；近卵圆形，常远端膨大。缺指附器。下附器长，超出抱器端节基部。中附器明显，端部具片状刚毛束，部分种愈合成盘状。抱器端节常在末端 1/2 处变窄，外缘向端部逐渐变细，端部钝圆。

分布：世界性分布。世界已知 110 种，中国记录 15 种，汗马保护区分布 1 种。

（54）平流长跗摇蚊 *Rheotanytarsus aphelus* Guo & Wang, 2004（图 5-26）

特征：翅长 1.90mm。体棕色，复眼黑。触角 13 节，AR 0.97；VR 1.42；LR1 2.21。臀板带 V 形，中间分离，延伸至肛尖基部。肛尖向顶端逐渐变细。臀脊发达，接近平行。横腹内突具有侧突，肛尖基部刚毛较少。左侧上附器矩形，5 根内侧刚毛，右侧椭圆形，7～8 根刚毛。指附器缺失。中附器长 66μm，侧叶长 35～40μm。抱器端节顶端 1/2 处骤然收缩，弯曲。HR 1.00；HV 2.43。

观察标本：2♂♂，内蒙古大兴安岭汗马国家级自然保护区，2015.XIII.28，史丽。

分布：内蒙古、天津。

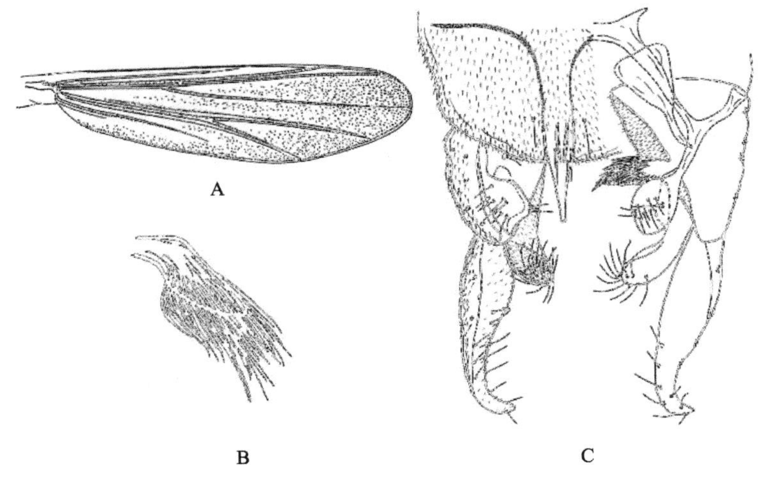

A—翅；B—中附器；C—生殖节背面观。

图 5-26　平流长跗摇蚊 *Rheotanytarsus aphelus* Guo & Wang, 2004

34. 施密摇蚊属 *Smittia* Holmgren, 1869

特征：体小至中型。触角 13 鞭节，末鞭节具 1 粗壮的亚端刚毛；AR 大于 1.0。眼有或无毛，具背中突。中鬃缺失；背中鬃、翅前鬃、小盾片鬃存在。翅膜区无毛，有刻点；C 脉强烈延伸，R 脉有毛，其余脉裸露；腋瓣无缘毛。伪胫距、爪垫、毛形感器缺失。肛尖长，基部有微毛。阳茎刺突缺失或发达。上附器缺失或发达；下附器指状或角状。抱器端节具抱器端棘。

分布：东洋区、全北区、澳新区、热带区、新热带区分布。世界已知 83 种，中国记录 9 种，汗马保护区分布 1 种。

（55）黑色施密摇蚊 *Smittia aterrima* (Meigen, 1818)（图 5-27）

特征：体长 2.1～2.6mm，翅长 1.21～1.19mm。全体暗黑色。眼密被毛；触角末端着生 1 根粗壮的亚端刚毛，第 2、3 和 13 鞭节基部两侧各有 1 对对生的叶状透明感觉毛。AR 1.48～2.00。背中鬃 10～13 根，翅前鬃 4～6 根，小盾片鬃 2～5 根。翅膜区具细小的刻点，C 脉超出 R_{4+5} 脉 80～120μm，Cu_1 脉强烈弯曲，腋瓣无缘毛。尖细长，末端尖，背面的微毛几乎覆盖至尖端。抱器端节具 1 发达的亚端背脊，约占端节长的一半。下附器近三角形。

观察标本：3♂♂，内蒙古大兴安岭汗马国家级自然保护区，2015.IX.19，史丽。

分布：内蒙古、吉林、辽宁、宁夏、甘肃、青海、陕西、山西、河北、山东、江苏、浙江、湖北、福建、广西、云南；古北区、新北区和东洋区。

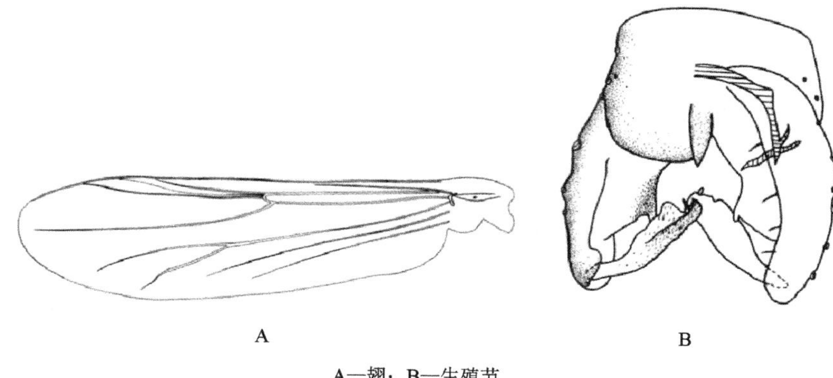

A—翅；B—生殖节。

图 5-27 黑色施密摇蚊 *Smittia aterrima* (Meigen, 1818)

参考文献

王新华，纪炳纯，2001. 天目山昆虫[M]. 北京：科学出版社.

王新华，纪炳纯，2003. 福建昆虫志[M]. 福建：福建科学技术出版社.

王新华，林晓龙，齐鑫，等，2016. 摇蚊科[M]//天目山动物志（第九卷）. 杭州：浙江大学出版社：158-201.

王新华，刘跃丹，唐红渠，等，2009. 双翅目：摇蚊科[M]//杨定. 河北动物志：双翅目. 北京：中国科学技术出版社：11-57.

ASHE P, O'CONNOR J P, 2009. A world catalogue of Chironomidae (Diptera). Part 1. Buchonomyiinae, Chilenomyiinae, Podonominae, Aphroteniinae, Tanypodinae, Usambaromyiinae, Diamesinae, Prodiamesinae and Telmatogetoninae[M]. Dublin: Irish Biogeographical Society & National Museum of Ireland.

ASHE P, O'CONNOR J P, 2011. A world catalogue of Chironomidae (Diptera). Part 2. Orthocladiinae (Section A)[M]. Dublin: Irish Biogeographical Society & National Museum of Ireland, Dublin.

Sæther O A A, 1980. Glossary of chironomid morphology terminololy (Diptera: Chironomidae)[J]. Entomologica scandinavica Supplement, 14: 1-51.

WANG X H, 2000. A revised checklist of Chironomidae from China (Diptera)[C]// HOFFRICHTER O. Late 20th Century Research on Chironomidae. An Anthology from the 13th International Symposium on Chironomidae. Achen: Shaker Verlag: 629-652.

ZHANG R L,WANG X H, 2004. *Polypedilum* (*Uresipedilum*) Oyewo and Sæther from China (Diptera: Chironomidae)[J]. Zootaxa, 565: 1-38.

（十六）蚊科 Culicidae

付文博，陈斌
（重庆师范大学昆虫与分子生物学研究所媒介昆虫重庆市重点实验室，重庆，401331）

特征：喙细长，亚前缘脉终止于前缘脉近翅端约 1/3 处，纵脉 2 与纵脉 3 平行，翅脉上和翅后缘具鳞，足有鳞被，触角分 15 节，第 1 节窄小，第 2 节膨大。

幼虫头、胸、腹各部分明，头有咀嚼式口器，口刷发达，自上唇两侧出生。胸部胸节已愈合，明显比腹部宽，触角生于头部两侧。

生物学：幼虫生活在水中，多数幼虫通过口刷取食水体中的微生物和悬浮物。多数幼虫通过尾部的呼吸管伸出水面获得大气中的氧；部分种类幼虫有特化的呼吸管可从水生植物输气管中获得氧；也有少数种类幼虫通过特化的器官获得水体中的溶解氧。成虫对环境的温度和湿度敏感，很多蚊虫生活在靠近地面几米以内，也有很多森林生活种类主要栖息在树冠。这种垂直分布主要与蚊虫的取食习性有关，雌蚊和雄蚊都取食植物液体，雌蚊多数种类取食动物血液（包括恒温动物和变温动物），这与蚊虫卵的发育有关，但也有少数种类不吸食血液也可产卵。

医学重要性：蚊虫的重要性主要表现在雌蚊的吸血习性。蚊虫不仅骚扰人类和动物生活，更主要的是它们携带病原微生物可以使人类和动物发病或死亡。

分布：世界已知 41 属 201 亚属 3573 种，中国记录 20 属 63 亚属 419 种。汗马保护区分布 6 种。研究标本保存在重庆师范大学昆虫与分子生物学研究所。

35. 伊蚊属 *Aedes* Meigen, 1818

特征：成蚊头顶具窄弯鳞，头后缘平覆宽鳞，两性触须短，雄性 3 节。中胸盾片和小盾片有窄鳞，中胸侧板鳞簇不发达，有气门后鬃，亚气门区光裸无气门鬃，后跗指爪雌性 1 对，雄性单个。侧背片有鳞，雄性腹节有多数刚毛，雌性第 8 腹节覆刚毛。

阳茎特化成盘状或棒状，抱肢基节有背基内叶或并有端叶或两者都不发达，抱肢端节具多种形状，多数在末端或近末端有指爪，但无梳状宽刺。

分布：世界性分布。世界已知 1000 余种，中国记录 129 种，汗马保护区分布 6 种。

分种检索表（以雌蚊为主）

1. 各足覆明显杂色鳞；后跗节具窄白环 .... 刺扰伊蚊 *Aedes* (*Aedimorphus*) *vexans*
- 足偶有杂色鳞；后足跗节一致暗色 2
2. 头顶大部平覆窄鳞；无气门下鳞簇，后胸基后片多有鳞簇 3
- 头顶大部平覆宽鳞；有气门下鳞簇，后胸基后片无鳞簇 .... 灰色伊蚊 *Aedes* (*Aedes*) *cinereus*
3. 无前足基节后鳞簇 4
- 有前足基节后鳞簇 5
4. 前缘脉基部有淡色鳞；雄蚊抱肢基节背基内叶有 1 根大刺 .... 普通伊蚊 *Aedes* (*Ochlerotatus*) *communis*
- 前缘脉基部无淡色鳞；雄蚊抱肢基节背基内叶有 2～3 根大刺 ....

……………………………………………………………橙色伊蚊 *Aedes* (*Ochlerotatus*) *diantaeus*

5. 中胸盾片有 1 对青铜色纵条鳞；侧鳞金黄色……………………………………………………

……………………………………………………………肥大伊蚊 *Aedes* (*Ochlerotatus*) *pionips*

- 中胸盾片正中央有铜色宽鳞纵条；侧鳞非金黄色……………………………………………

……………………………………………………………刺螯伊蚊 *Aedes* (*Ochlerotatus*) *punctor*

（56）普通伊蚊 *Aedes* (*Ochlerotatus*) *communis* (De Geer, 1776)

特征：中胸盾片有 1 对铜色纵条；后侧片鳞簇伸达下缘；无前足基节后鳞簇；翅前缘脉基部有淡色鳞；各腹节基带后缘平直。雄蚊抱肢基节端叶宽大，背基内叶腹缘有末端弯曲的刚毛。幼虫头毛 5-C 单枝。

（雌虫）中型蚊虫。头顶和后头鳞浅黄色，中央竖鳞浅黄色，两侧竖鳞暗色。触角梗节内侧棕褐色，外侧棕黄色或全暗褐色，内侧有小白鳞。喙一致暗色。触须为喙的 1/7～1/6 长，暗色，个别杂生有少数淡色鳞。中胸盾片有 1 对铜色鳞纵条，条间及其外侧鳞黄色或浅黄色，有的 2 纵条融合为 1 条正中宽纵条。中胸腹侧板鳞簇达前角，后侧片鳞簇达下缘，有下后侧鬃 2～5 根。无前足基节后鳞簇。翅长 4.5～5.9mm，翅鳞褐色，前缘脉在肩横脉至翅根间有或多或少的淡色鳞分布。前股和中股前面暗褐色，杂生少量淡色鳞；后股端部背侧 1/2～2/3 暗褐色。各足胫节、跗节均暗褐色。各腹节背板暗褐色，有灰白色或黄白色基带。

（雄虫）第 9 背板侧叶各有 5～9 根刺，个别可少至 3 根，多至 12 根。抱肢基节狭长，背基内叶较大，有大刺 1 根，腹缘有成排末端弯曲的刚毛；端叶宽大，有许多较短的刚毛。小抱器干柄长，弯曲；刀叶比干柄短。阳茎筒状。

分布：内蒙古、黑龙江、吉林、新疆；苏联，蒙古国，日本，美国，加拿大；中欧、北欧也有分布。

医学重要性：国外发现有自然携带兔热病病原体者。

（57）刺螯伊蚊 *Aedes* (*Ochlerotatus*) *punctor* (Kirby, 1837)

特征：中胸盾片正中央有宽的铜色鳞纵条，有前足基节后鳞簇。腹节背板基带中部略凹入。雄蚊抱肢端叶有鳞状毛，小抱器干柄短，粗壮。幼虫头毛 5、6-C 单枝或分 2 枝；尾鞍全包肛节，仅在腹面留有 1 条窄缝。

（雌虫）大中型蚊虫。头顶鳞和后头竖鳞黄色或浅黄色。触角梗节暗棕色，内侧有小白鳞和黑色小毛。喙一致暗褐色。触须为喙的 1/7～1/6 长，暗褐色，偶杂有几片淡色鳞。中胸盾片正中央有宽的铜色或浅铜色鳞纵条，有的纵条被 1 棕黄色鳞纵纹分开，成为 2 条，其余部位鳞棕黄色或浅黄色。中胸腹侧板鳞簇伸达前角，后侧片鳞簇伸达下缘，具下后侧鬃 1～4 根。有前足基节后鳞簇，翅长 4.5～5.4mm，翅鳞一致暗色。前股前面暗褐色，基部有较多的淡色鳞分布；中股前面基本暗褐色，有少量淡色鳞分布；后股除端部背侧 1/3～1/2 暗褐色外，全部淡色。各足胫节和跗节全部暗色。背板鳞暗褐色，有基带。

（雄虫）第 9 背板侧叶各有 5～8 根刺，个别有 12 根。抱肢基节长为宽的 2.5～3.7 倍，背基内叶较大，有大刺 1 根；端叶明显，具鳞状毛。小抱器干柄短，粗壮，刀叶比干柄略短。阳茎筒状，中部稍窄。

分布：内蒙古、黑龙江、吉林、辽宁；苏联，日本，美国，加拿大；欧洲也有分布。

（58）肥大伊蚊 *Aedes* (*Ochlerotatus*) *pionips* Dyar, 1919

特征：中胸盾片有 1 对较宽的青铜色鳞纵条，其外侧鳞金黄色。有前足基节后鳞簇。雄蚊尾器普通伊蚊型。幼虫与黑头伊蚊相似，但黑头伊蚊 AR 长，头暗褐色。

（雌虫）大型蚊虫。头顶鳞和后头竖鳞皆黄色。触角梗节暗色，内侧有黄白色小鳞。喙一致暗褐色。触须为喙的 1/7～1/6 长，暗褐色。中胸盾片有 1 对较宽的青铜色鳞纵条，其外侧鳞片全金黄色。中胸腹侧板鳞簇伸达前角，后侧片鳞簇伸达下缘，有下后侧鬃 1～5 根。具前足基节后鳞簇。翅长 5.3～6.0mm，翅鳞一致暗褐色，前缘脉基部可有个别淡色鳞。前股和中股前面暗色，杂有淡色鳞；后股除端部背侧 1/3～1/2 为黑色外，全部淡色。各足胫节和跗节全暗色。腹节背板鳞暗褐色，有基带，基带的两端扩大成三角形侧斑。

（雄虫）尾器为普通伊蚊型。

分布：内蒙古、黑龙江；苏联，美国，加拿大。

（59）刺扰伊蚊 *Aedes* (*Aedimorphus*) *vexans* (Meigen, 1830)

特征：跗节有基白环或基白斑，前足和中足股节前面褐色且杂生有淡色鳞，形成麻点。幼虫头毛 6-C 通常分 1～2 枝；栉齿长，末段形成 1 大中刺；呼吸管无刺区，指数不超过 4.5。

（雌虫）中型褐色蚊虫。头顶覆盖平伏白窄鳞，仅前端有 1 褐斑；头侧平覆宽白鳞，但前上端各有 1 明显深褐斑，白鳞区中也可有 1 明显或不明显的褐斑；头顶和后头有很多褐竖鳞。触角梗节内面具小白鳞和小细毛；鞭分节 1 有白鳞或灰褐鳞。喙为前股的 1.1～1.2 倍长，褐色，腹面从近基部起到末端 1/4 淡色，淡色区部分扩展到侧面，甚至到背面。触须约为喙的 1/5 长，褐色或深褐色，末端、基部及有的中侧有白鳞。前胸前背具白窄鳞，后背片上部具褐窄鳞，下部具白窄鳞。中胸盾片覆盖褐色、棕色或淡褐色窄鳞和细鳞，前缘、肩窝、盾角、翅基上方及小盾前区等有淡白鳞，但不形成固定斑纹；侧背片具白窄鳞；小盾片 3 叶都具白窄鳞。中胸侧板翅前结节下有白鳞；有气门后区和亚气门鳞簇，两者相连或分开。翅鳞褐色，前缘脉、亚前缘脉、纵脉 1 和纵脉 5 基段通常杂有少数淡白鳞。平衡棒结节覆盖淡白鳞，一般色泽深褐色。各足股节有白膝斑；前股和中股前面褐鳞中杂生有淡色鳞，形成麻点，后面大部淡色，后股除前面末端和背缘外，大部淡色。胫节两端白色；前胫前面褐色而杂有淡色鳞，后腹面淡色；中胫淡色区更大；后胫后面淡色。前跗和中跗节 1～4 有窄基白环和基白斑；后跗节 1～5 有窄基白环。腹节背板褐色而具淡色斑纹，斑纹的变化很大，腹板大部或全部乳白色，可有褐斑、褐短纵条，或 A 形褐纹。

（雄虫）触须比喙长，褐色，第 2～5 节基部有白斑。各足股节前面的淡色鳞较少。腹节背板无侧白斑。第 9 背板侧叶发达，各具 3～10 根细刚毛，腹板有发达的中叶，中叶前端具 4 根刚毛。抱肢基节较为狭长，背内区和背内缘有短刚毛；小抱器末端圆平，具很多较长刚毛。抱肢端节约为基节的 4/5 长，基段较窄，末端钝；指爪近位末端 1/5 处，为端节的 1/6～1/5 长。肛侧片末端钝削，阳茎II型。

分布：中国各省（区、市）都有记载；全北区、东洋区、太平洋岛屿、非洲南部及危地马拉等地区均有分布。

（60）灰色伊蚊 *Aedes* (*Aedes*) *cinereus* (Meigen, 1818)

特征：中胸盾片鳞棕红色或铜棕色，腹节背板鳞暗褐色。雄蚊抱肢端节长枝较细，末端鱼尾状。幼虫胸毛 2-P、3-M、6-T 和腹毛 4-VIII 多数分 2 枝。

（雌虫）头顶靠前有 1 对暗褐色宽鳞斑，中部有 1 黄白色窄鳞三角区，暗色竖鳞主要分布在后头。颊区鳞宽，黄白色，区内有 1 暗色宽鳞纵条。触角梗节棕褐色，但外侧色淡，内侧有淡色小鳞。喙褐色或暗褐色，与前足股节等长或略短。触须为喙的 1/8～1/6 长，褐色。中胸盾片鳞棕红色或铜棕色。背侧片有散生的黄白色窄鳞。中胸腹侧板和后侧片具宽白鳞簇，气门后区有散生的黄白鳞。翅长 3.5～4.5mm，翅鳞暗色。各足跗节暗色。腹节背板鳞暗褐色，带紫色光泽。各腹节侧板发达，几乎均向后伸至该节端部，因此，在侧面连成 1 黄白色或灰白色纵条。

（雄虫）触须为喙长的 1/10 左右。第 9 背板侧叶上各有许多短刚毛，其外侧时有少数较长刚毛。抱肢基节近中部腹侧内缘有 10 根左右长短不同的毛簇。背基内叶（基叶）窄，密生细长毛，基部皱纹区窄。端节长枝向末端变细，端部分叉呈鱼尾状，有成排的小钝齿；短枝圆锥形，有小刚毛 7～9 根。类小抱器分内、外两枝，内枝短，多微毛，有刚毛 3～6 根；外枝长，有刚毛 3～5 根。

分布：内蒙古、黑龙江、吉林、新疆；苏联，欧洲，美国，加拿大。

（61）橙色伊蚊 *Aedes* (*Ochlerotatus*) *diantaeus* Howard, Dyar & Knab, 1913

特征：中胸盾片正中有 1 宽的铜褐色纵条；无前足基节后鳞簇。雄蚊抱肢基节近端部腹面内侧有 1 丛长刚毛；背基内叶有 3 根大刺。幼虫触角明显比头长。

（雌虫）大型蚊虫。头顶和后头具窄鳞。竖鳞皆黄白色，偶尔两侧竖鳞发暗。触角梗节外侧棕黄色，内侧暗色。喙一致暗褐色，触须为喙长的 1/6 左右，暗褐色，中胸盾片正中央有 1 宽的铜褐色鳞纵条，其余部位鳞浅黄色至黄白色，中胸腹侧板鳞簇不达前角，后侧片鳞簇不达下缘，无下后侧鬃（个别可具有 1～2 根鬃），无前足基节后鳞簇。翅长 4.5～6.0mm，翅鳞一致暗色。前股、中股前面暗褐色，后股背面端部 1/2 暗褐色，其余部位淡色，各胫节和跗节一致暗褐色。腹节背板鳞暗褐色，有紫色光泽，具基带，基带的两侧形成三角形侧斑。

（雄虫）第 9 背板侧叶各有 9～10 根刺。抱肢基节长为宽的 2.9～3.4 倍，中部明显收缩，近端部腹面内面，有向内侧生长的 1 丛长毛。背基内叶有 3 根大刺，其中两根生在端部，端叶发达，有些弯曲的小刚毛。小抱器干柄硬直，刀叶中部高度扩大。阳茎筒状，端部急骤收缩变窄。

分布：内蒙古、黑龙江、吉林；苏联，日本，美国，加拿大；北欧也有分布。

参 考 文 献

陆宝麟，苏龙，1987. 中国伊蚊鉴定手册[M]. 北京：科学出版社.

陆宝麟，李蓓思，姬淑红，等，1997. 中国动物志，昆虫纲，第 8 卷，双翅目：蚊科（上卷）[M]. 北京：科学出版社.

HARBACH R E, 2007. The Culicidae (Diptera): a review of taxonomy, classification and phylogeny[J]. Zootaxa, 1668: 591-638.

KNIGHT K L, STONE A, 1977. A catalog of the mosquitoes of the world (Diptera: Culicidae)[M]. Maryland: Entomological Society of America.

REINERT J F, HARBACH R E, KITCHING I J, 2008. Phylogeny and classification of *Ochlerotatus* and allied taxa (Diptera: Culicidae: Aedini) based on morphological data from all life stages[J]. Zoological Journal of the Linnean Society, 153: 29-114.

（十七）沼大蚊科 Limoniidae

张晓[1]，李彦[2]

（1. 青岛农业大学植物医学学院，青岛，266109；2. 沈阳农业大学植物保护学院，沈阳，110866）

沼大蚊亚科 Limoniinae

特征：体小至中型，个别种类为大型。体细长，褐色至黑色或黄色有黑斑。喙短，无鼻突。口器位于喙的末端，下颚须一般为 5 节。复眼明显分开，无单眼。触角通常 14～16 节，鞭节卵形、圆筒形或梯形。中胸背板发达；中胸盾片有 V 形盾间缝。足细长，基节发达，转节较短，胫节有或无端距。翅长（个别属部分或完全退化），基部较窄，有 9～12 条纵脉，臀脉两条，Sc 脉终止于翅前缘。腹部长，雄虫端部一般明显膨大，生殖刺突通常分为内外两部分，雌虫末端较尖。

分布：世界性分布。世界已知 34 属 3800 余种，中国记录 24 属 300 余种，汗马保护区分布 2 属 3 种。

分属检索表

1. a_1 室具加横脉……………………………………盘斑大蚊属 *Discobola*

\- a_1 室无加横脉……………………………………次沼大蚊属 *Metalimnobia*

36. 次沼大蚊属 *Metalimnobia* Matsumura, 1911

特征：体中或大型。触角 12 鞭节，鞭节卵形或圆柱形。复眼光裸。喙短，长度小于头长。下颚须 4 节。胫节距不存在，跗节色深。Sc_1 脉中等长度，达 Rs 脉分叉处，Sc_2 脉超过 Rs 脉起点处；Rs 脉有两分支，R_2 脉存在，R_1 脉末端横向弯折，几乎与 R_2 脉等长；A_1 室无加横脉。内生殖刺突分为 3 个叶突。

分布：除新热带区外，其余世界五大地理区系均有分布。世界已知 3 亚属，中国仅记录 1 亚属。世界已知 56 种，中国记录 9 种，汗马保护区分布 2 种。

分种检索表

1. 翅黄色至棕黄色................ 双束次沼大蚊 *Metalimnobia* (*Metalimnobia*) *bifasciata*
- 翅棕色至棕黑色.......四斑次沼大蚊 *Metalimnobia* (*Metalimnobia*) *quadrimaculata*

（62）双束次沼大蚊 *Metalimnobia* (*Metalimnobia*) *bifasciata* (Schrank, 1781)（图 5-28）

特征：雄虫体长 12.0～14.0mm，翅长 14.0～16.0mm。

头部棕黄色，头顶具黑色中线。毛棕色。触角 2.0～2.5mm。柄节、梗节浅黄色，鞭节棕黑色。柄节柱形；梗节卵圆形；鞭节第 1 节卵圆形，逐节变细、加长，末几节圆柱形，具长毛。喙和下颚须棕色，具棕色毛。

胸部棕黄色。前胸背板棕色。前盾片具 2 条棕黑色纵条纹，后缘两侧具棕黑色斑。盾片棕黑色，中间区域棕黄色。小盾片和中背片棕黄色。侧板棕黄色。毛黄色。基节和转节黄色。腿节黄色，顶端棕色。胫节黄色。跗节黄色，靠近端部色深，毛棕色。翅棕黄色透明，Rs 脉起点处及分叉处具棕色斑，沿着翅弦具棕色斑纹。翅脉浅棕色，斑纹覆盖处颜色加深。Sc_1 脉端部位于 Rs 脉末端，Sc_2 脉靠近 Sc_1 脉端部，CuA_1 脉基部靠近 M 脉分叉处。平衡棒 2.0mm，棒部浅黄色，球部棕色。

腹部棕黄色。背板棕黄色，前几节后缘棕色。腹板棕黄色，末几节棕黑色。第 9 背板后缘中间微凹，两侧叶具毛。生殖基节具 1 普通叶突。外生殖刺突宽大，靴状。内生殖刺突肉质，具长毛。阳基侧突长棒状，逐渐变细，顶端钝，具短毛。

雌虫体长 10.0～11.0mm，翅长 11.0～13.0mm。形态与雄虫相似。第 10 背板和尾须橘黄色。下瓣棕黄色，末端略超过尾须基部。

分布：内蒙古、黑龙江、吉林、辽宁、河北、北京、山西、陕西、宁夏、贵州、湖北；奥地利，比利时，保加利亚，克罗地亚，捷克，丹麦，爱沙尼亚，芬兰，法国，德国，英国，匈牙利，爱尔兰，意大利，拉脱维亚，立陶宛，卢森堡，荷兰，挪威，波兰，罗马尼亚，塞尔维亚，斯洛伐克，斯洛文尼亚，瑞典，瑞士，乌克兰，俄罗斯，格鲁吉亚，土耳其，塔吉克斯坦，蒙古国，日本。

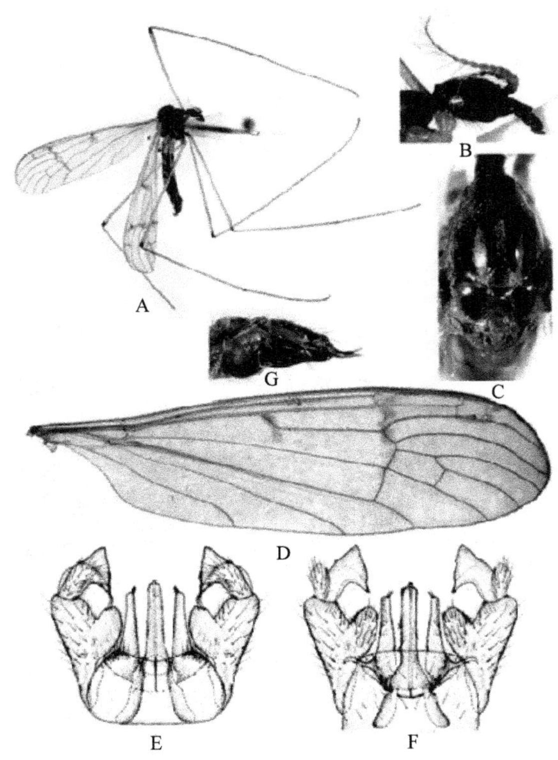

A—雄性整体侧视；B—雄性头部侧视；C—胸部背视；D—翅；E—雄性外生殖器背视；
F—雄性外生殖器腹视；G—雌性外生殖器侧视。

图 5-28 双束次沼大蚊 *Metalimnobia* (*Metalimnobia*) *bifasciata* (Schrank, 1781)

（63）四斑次沼大蚊 *Metalimnobia* (*Metalimnobia*) *quadrimaculata* (Linnaeus, 1760)（图 5-29）

特征：雄虫体长 16.0mm，翅长 18.0mm。

头部黑色，后部棕黄色。毛黑色。触角 2.5mm。柄节和梗节棕黄色，鞭节黑色。柄节柱形；梗节卵圆形；鞭节第 1 节卵圆形，逐节变细、加长，末几节圆柱形。喙和下颚须黑色，具黑色毛。

胸部黑色。前胸背板黑色，具棕黄色宽条纹。前盾片黑色，具 3 条棕黄色纵条纹。盾片黑色。小盾片棕黄色，中间区域黑色。中背片黑色，后半部色浅。侧板黑色，毛棕色。基节和转节棕黄色；腿节棕黄色，3/4 处和端部各具 1 黑色宽环；胫节棕黄色，端部黑色。跗节棕色，毛黑色。翅棕色透明，具棕色斑：前缘域具 4 个明显大斑，第 3 个斑覆盖 Rs 脉分叉处及 Sc 脉分叉处外侧；各纵脉端部及附近具浅棕色斑；沿各横脉具浅棕色斑纹。翅脉深棕色，斑纹覆盖处棕黑色。Sc_1 脉端部明显超过 Rs 脉末端，Sc_2 脉靠近 Sc_1 脉端部，CuA_1 脉基部未达 M 脉分叉处。平衡棒 2.0mm，棕黄色，球部基部棕色。

腹部棕黄色，末几节黑色，毛黑色。第 9 背板后缘中间微凹，两侧叶具毛。生殖基节具 1 普通叶突。外生殖刺突弯曲，顶端尖。内生殖刺突分 3 叶。阳基侧突 S 形弯曲，端部尖，具短毛。

雌虫体长 13.0～16.0mm，翅长 15.0～18.0mm。形态与雄虫相似。第 10 背板橘黄色。尾须和下瓣棕黄色，下瓣末端约位于尾须 1/3 位置处。

分布：内蒙古、河北、河南；美国，奥地利，比利时，波斯尼亚，捷克，丹麦，芬兰，法国，德国，英国，匈牙利，意大利，拉脱维亚，立陶宛，卢森堡，黑山，荷兰，挪威，波兰，罗马尼亚，斯洛伐克，瑞典，瑞士，乌克兰，俄罗斯，格鲁吉亚，亚美尼亚，阿塞拜疆，土耳其，蒙古国，日本。

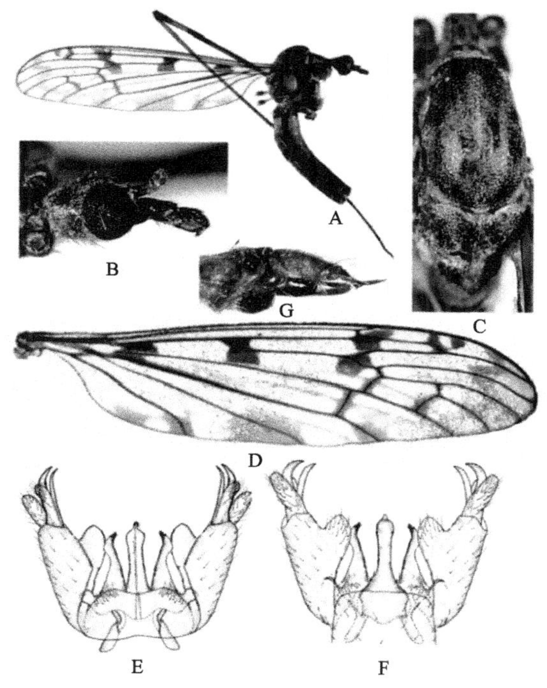

A—雄性整体侧视；B—雄性头部侧视；C—胸部背视；D—翅；E—雄性外生殖器背视；F—雄性外生殖器腹视；G—雌性外生殖器侧视。

图 5-29 四斑次沼大蚊 *Metalimnobia* (*Metalimnobia*) *quadrimaculata* (Linnaeus, 1760)

37. 盘斑大蚊属 *Discobola* Osten Sacken, 1865

特征：体小或中型，很少有大型。触角不超过 14 节；鞭节简单，一般为卵圆形或圆柱形。口器正常，未延长。喙短，未超过头部剩余部分。a_1 室具加横脉；Cu 室无明显纵向褶皱。

分布：除非洲区外，其余世界五大地理区系均有分布。世界已知 28 种，中国记录 5 种，汗马保护区分布 1 种。

（64）环盘斑大蚊 *Discobola annulata* (Linnaeus, 1758)（图 5-30）

特征：雄虫体长 12.0mm，翅长 12.5mm。

头部棕黑色。毛深棕色。触角长 1.8mm，棕色。鞭节第 1 节加粗、加长，长度约为第 2 节的 1.5 倍，其余各节基本等长。喙棕黑色，具深棕色毛。

胸部深棕黄色。前胸背板深棕色。前盾片棕黄色，中间具棕色宽纵条纹。盾片棕色，两侧叶各具 1 浅色斑。小盾片、中背片深棕色。侧板棕色，靠近足基节色浅。毛棕色。基节棕黄色；转节深棕黄色；腿节深棕黄色，端部 1/4 黄色，黄色区域中间具棕色宽环；胫节深棕黄色；跗节深棕黄色至棕色。毛棕色。翅透明，翅带棕黄色，遍布眼斑，翅前缘域具 4 个颜色较深、较大的斑，第 1 个覆盖 Sc 室基部，第 2 个覆盖 Rs 脉起始处，第 3 个覆盖 Sc 脉分叉处，第 4 个覆盖 R_1 脉端部和 R_2 脉。翅脉棕黄色，斑点覆盖处颜色加深。Sc_1 脉端部超过 Sc 脉分叉处，Sc_2 脉靠近 Sc_1 脉端部，CuA_1 脉基部超过 M 脉分叉处，约位于 dm 室 1/5 位置处，A_1 脉与 A_2 脉之间具加横脉。平衡棒约 1.0mm，棕黑色，球部端部白色。

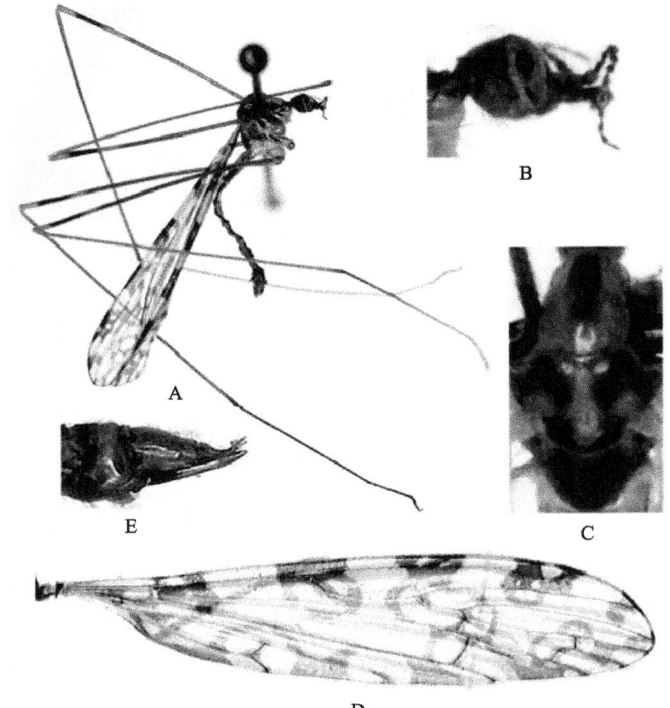

A—雄性整体侧视；B—雄性头部侧视；C—胸部背视；D—翅；E—雌性外生殖器侧视。

图 5-30 环盘斑大蚊 *Discobola annulata* (Linnaeus, 1758)

腹部深棕色，基部几节色浅。毛棕色。生殖器深棕黄色。第 9 背板中间深凹，两叶圆，端部具毛。生殖基节有 1 简单的叶突。外生殖刺突稍微弯曲，顶端变细呈刺状。内生殖刺突较大，中间具较长喙突及叶突，叶突具 2 喙刺。阳基侧突细长，顶端钝。阳茎粗大。

雌虫体长 13.0mm，翅长 14.0mm。形态与雄虫相似。第 10 背板和尾须棕色。下瓣浅棕色，基部色深，顶端靠近尾须端部。

分布：内蒙古、西藏、台湾及中国南部；加拿大，美国，奥地利，波黑，保加利亚，捷克，爱沙尼亚，芬兰，法国，德国，英国，意大利，立陶宛，挪威，波兰，罗马尼亚，斯洛伐克，斯洛文尼亚，瑞典，瑞士，乌克兰，俄罗斯，蒙古国，朝鲜，韩国，日本，印度，马来西亚，尼泊尔，菲律宾，新几内亚岛。

参考文献

ALEXANDER C P, 1918. Records of Japanese crane-flies (Diptera)[J]. Annals of the Entomological Society of America, 11: 443-449. (Alexander's reprint nr: 67).

ALEXANDER C P, 1924. New or little-known crane flies from northern Japan (Tipulidae, Diptera)[J]. Philippine Journal of Science, 24: 531-611. (Alexander's reprint nr: 197).

LINNAEUS C, 1758. Systema naturae per regna tria naturae, secundum classes, ordines, genera, species, cum caracteribus, differentiis, synonymis, locis. Ed. 10[M]. Holmiae [= Stockholm]: Salvii.

LINNAEUS C, 1760. Fauna Svecica sistens animalia Sveciae regni: Mammalia, Aves, Amphibia, Pisces, Insecta, Vermes. Distributa per classes & ordines, genera & species, cum differentiis specierum, synonymis auctorum, nominibus incolarum, locis natalium, descriptionibus insectorum[M]. Editio altera, auctior. Stockholmiae [= Stockholm]:Salvii.

LOEW H, 1851. Beschreibung einiger neuen Tipularia terricola[J]. Linnaea Entomologica, 5: 385-418.

MATSUMURA S, 1911. Erster Beitrag zur Insekten-Fauna von Sachalin[J]. Journal of the College of Agriculture, Tohoku Imperial University, Sapporo, 4: 1-415.

MEIGEN J W, 1804. Klassifikazion und Beschreibung der europaischen zweiflugeligen Insekten (Diptera Linn.)[M]. Braunschweig: Karl Reichard.

MEIGEN J W, 1818. Systematische Beschreibung der bekannten europaischen zweiflugeligen Insekten[M]. Aachen: Fostmann.

OSTEN SACKEN C R, 1865. Description of some new genera and species of North American Limnobina. Part I[J]. Proceedings of the Entomological Society of Philadelphia, 4: 224-242.

OSTEN SACKEN C R, 1869. Monographs of the Diptera of North America. Part IV[M]. Washington: Smithsonian Miscellaneous Collections.

SCHRANK F P, 1781. Enumeratio insectorum Austriae indigenorum[M]. Vindelicorum [Augsburg]: apud viduam Eberhardi Klett et Frack.

（十八）蚋科 Simuliidae

韩晓静，蒋晓红，侯晓晖
（遵义医科大学，遵义，563099）

特征：体型微小，体长多数为 1.2～5.5mm。头近似圆球形，较背部低；单眼退化；复眼 1 对，额有明显两性差异，雄虫接眼式，雌虫离眼式；触角通常 9～

12 节，呈丝状伸出，短于头部；刺吸式口器，短粗向下；触须通常 5 节，长于喙，第 3 节常膨大，其上具 1 感觉器窝，又称拉氏器，其形状、大小因种而异。胸背隆起呈穹顶状，前、后胸退化，中胸特别发达。翅宽阔，翅膜透明，翅脉简单。足色泽、胫节银白色斑、雌爪形状等具有种属差异。腹部 10～11 节，雄虫第 9～11 节及其附肢特化为尾器，形态多变；雌虫第 8～10 节特化为外生殖器，第 8 腹节腹板端部延伸形成生殖板，第 9 腹节腹板常形成倒 Y 形生殖叉突。

分布：世界已知 26 属 2151 种，中国记录 6 属 333 种，汗马保护区分布 1 属 3 种。

38. 蚋属 *Simulium* Latreille, 1802

特征：成虫触角 10～11 节。触须末节细长。中胸侧板具毛或光裸。翅前缘脉具毛和刺，径分脉简单。后足跗节 1 端部常有附突，偶缺如。跗节 2 有或无跗沟或仅具很浅的光裸跗沟。爪简单或具基齿。雄虫生殖腹板形式多样，有齿或无齿。生殖肢端节常具 1 个端刺。蛹体壁常色淡，膜质。呼吸丝 4～32 根，少数种类呼吸丝膨大而呈棒状或球状，腹部末端有或无 1 对钝钩、瘤突或刺状突。茧拖鞋状、鞋状或靴状。幼虫具头扇。亚颏齿 9 个，排成 1 行，中齿和角齿突出或不突出。后颊裂多种多样，少数可伸达亚颏后缘。肛板 X 形。肛腮简单或复杂。腹乳突存在或缺如。

分布：古北区、东洋区、非洲区、新北区、澳新区分布。世界已知 37 亚属 1645 种，中国记录 15 亚属 313 种，汗马保护区分布 3 种。

分种检索表

1. 中胸下侧片具毛……………………………………曲端绳蚋 *Simulium curvastylum*
- 中胸下侧片光裸……………………………………………………………………2
2. 中胸盾片边缘覆灰色粉被，无毛，中部黑色并有强闪光……………………………
……………………………………………………宽跗副布蚋 *Simulium transiens*
- 中胸盾片被淡黄色毛，无清晰的银白色斑……………长须蚋 *Simulium longipalpe*

（65）曲端绳蚋 *Simulium curvastylum* Chen & Zhang, 2001（图 5-31）

特征：雌虫体长约 2.0mm。触角柄节淡黄色，其余棕黄色。触须拉氏器大，约占节 3 长的 3/5。中胸盾片棕黑色，被黄白色软毛，后盾片光裸，下侧片具毛。足棕黑色，淡黄色部分包括：前足基节、转节、股节基部 2/3，胫节中部 1/3；中足转节、股节基部 3/4，胫节中部外侧 1/3 和基跗节基部 1/3；后足转节、股节基部 2/3、胫节中部外侧 3/5 和基跗节基部 3/4。跗突中度发达，约为基跗节末端宽度的 1/2，伸达跗沟。爪具大基齿。翅径脉基毛丛黑色。生殖板亚三角形，内缘平行，生殖叉突后臂具显著的乳头状外侧突。

观察标本：2♀♀，内蒙古大兴安岭汗马国家级自然保护区，果洛托尼亚基河，海拔 976m，2015.X.19，史丽；1♀，内蒙古大兴安岭汗马国家级自然保护区，五支二岔，海拔 977m，2015.IX.01，史丽；1♀，内蒙古大兴安岭汗马国家级自然保护区，波诺河，海拔 854m，2015.VIII.28，史丽；2♀♀，内蒙古大兴安岭汗马国家级自然保护区，牛耳湖，海拔 871m，2015.IX.17，史丽。

分布：内蒙古、海南。

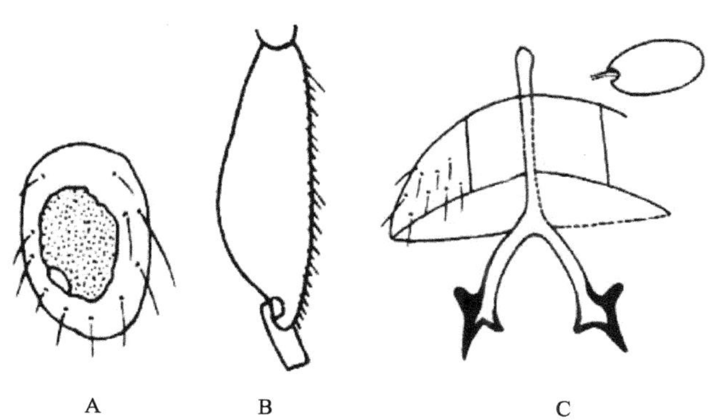

A—感觉器窝；B—后足跗节；C—雌性外生殖器腹面观。

图 5-31 曲端绳蚋 *Simulium curvastylum* Chen & Zhang, 2001（仿陈汉彬等）

（66）长须蚋 *Simulium longipalpe* Beltyukova, 1955（图 5-32） 内蒙古新记录种

特征：雌虫触角暗黑色，覆白粉被，鞭节 1 的长约为鞭节 2 的 2 倍。触须长，节 5 明显长于节 4。中胸盾片被淡黄色毛，无清晰的银白色斑。前足跗节 1 超过最宽处的 3.5～4.0 倍。后足基跗节两侧平行，基部 2/3 黄色，长约为宽的 6 倍。生殖板三角形，内缘靠近，生殖叉突后臂具骨化外突。肛上板横宽，侧缘弯曲呈波浪状。

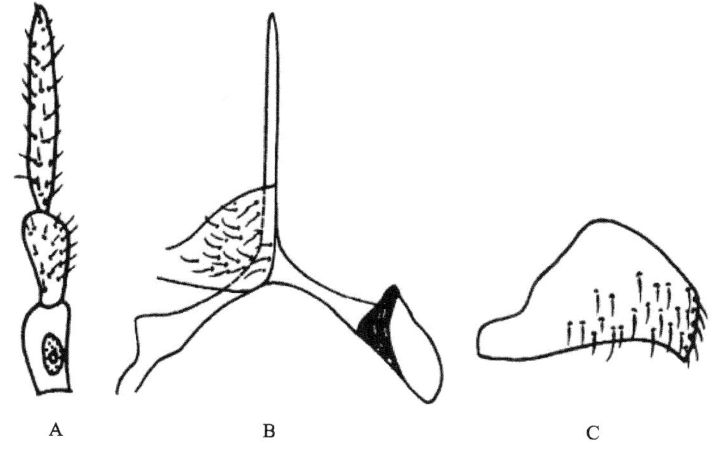

A—触须；B—生殖叉突；C—肛上板。

图 5-32 长须蚋 *Simulium longipalpe* Beltyukova, 1955（仿 Rubtsov）

观察标本：3♀♀，内蒙古大兴安岭汗马国家级自然保护区，果洛托尼亚基河，海拔 976m，2015.X.19，史丽；4♀♀，内蒙古大兴安岭汗马国家级自然保护区，吉娜米基马河，海拔 932m，2015.X.19，史丽；1♀，内蒙古大兴安岭汗马国家级自然保护区，五支二岔，海拔 977m，2015.IX.01，史丽；1♀，内蒙古大兴安岭汗马国家级自然保护区，波诺河，海拔 854m，2015.VIII.28，史丽。

分布：内蒙古；俄罗斯。

（67）宽跗副布蚋 *Simulium transiens* (Rubtsov, 1940)（图 5-33）

特征：雌虫体长 2.5～3.0 mm。触角黑色。触须节 3 长约为节 4 的 1.5 倍。中胸盾片黑绒色，散布稀疏金黄色短毛。足棕褐色，股节基部黄色，前足胫节基部 3/4 处有银白色斑。跗节 1 的长为宽的 5～6 倍。中足胫节基部 2/3 黄色。后足跗节 1 端部 1/4 黑色，其宽度约为胫节宽的 1/2。生殖板略呈三角形，生殖叉突后臂膨大部呈方形，或不明显膨胀而具骨化外突。

观察标本：3♀♀，内蒙古大兴安岭汗马国家级自然保护区，果洛托尼亚基河，海拔 976m，2015.X.19，史丽；1♀，内蒙古大兴安岭汗马国家级自然保护区，吉娜米基马河，海拔 932m，2015.X.19，史丽；3♀♀，内蒙古大兴安岭汗马国家级自然保护区，五支二岔，海拔 977m，2015.IX.01，史丽；1♀，内蒙古大兴安岭汗马国家级自然保护区，波诺河，海拔 854m，2015.VIII.28，史丽；2♀♀，内蒙古大兴安岭汗马国家级自然保护区，牛耳湖，海拔 871m，2015.IX.17，史丽；1♀，内蒙古大兴安岭汗马国家级自然保护区，汗马保护区救护站，海拔 847m，2015.VIII.28，史丽；1♀，内蒙古大兴安岭汗马国家级自然保护区，汗马保护区管理站，海拔 850m，2015.VIII.28，史丽。

分布：内蒙古、华北地区；俄罗斯。

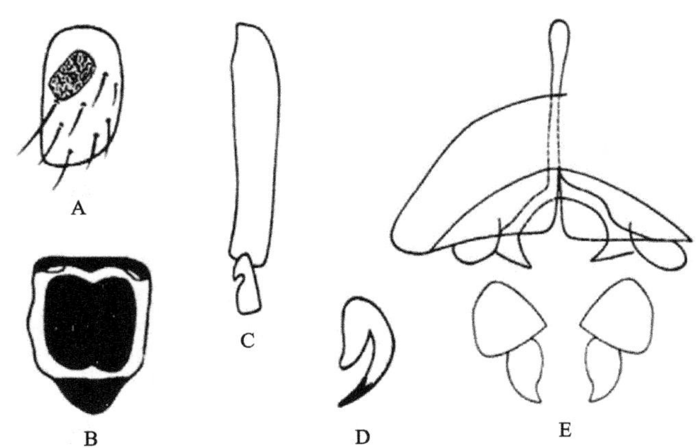

A—感觉器窝；B—中胸盾片；C—后足跗节；D—爪；E—雌性外生殖器腹面观。

图 5-33　宽跗副布蚋 *Simulium transiens* (Rubtsov, 1940)（仿 Rubtsov）

参考文献

陈汉彬，安继尧，2003. 中国黑蝇[M]. 北京：科学出版社.

陈汉彬，张春林，杨明，等，2016. 中国蚋科昆虫[M]. 贵阳：贵州科技出版社.

ADLER P H, CROSSKEY R W, 2014. World blackflies (Diptera: Simuliidae): A comprehensive revision of the taxonomic and geographical inventory. Clemson University[DB/OL]. http: // entweb. Clemson. Edu / blackfly in vetory: 1-121.

（十九）大蚊科 Tipulidae

高悦添，李彦

（沈阳农业大学植物保护学院，沈阳，110866）

特征：体小至大型，体型细长，体色灰色、褐色或黄色等。头具圆筒形的喙，且喙端部多具鼻突。下颚须 4 节，且末节明显长于其他几节。复眼背面明显分开，无单眼。触角通常 13 节，多为线状，鞭节长圆柱形，有些种类鞭节具侧支或突起而呈栉状或锯齿状。中胸背板发达；中胸盾片有 V 形横沟。足细长，胫节有或无端距。前翅狭长，有 9～12 条纵脉伸达翅缘，其中臀脉 2 条（A_1、A_2）；除尖头大蚊属 *Brithura* 外，均无 Sc_1 脉。雄性腹部末端一般明显膨大，具 1 对生殖肢，由生殖基节和 2 对生殖刺突（生殖叶和抱握器）构成。雌性腹部末端缩尖，具 1 对尾须和 1 对产卵瓣；个别种类产卵器短缩。

分布：世界性分布，世界已知 37 属约 4300 多种，中国记录 500 多种。

39. 大蚊属 *Tipula* Linnaeus, 1758

特征：触角 13 节，个别有 14 节，鞭节除首鞭节外，各节基部多膨大，且有轮毛 4～6 根；前足胫节有端距 1 个，少数有 2 个，中足胫节有端距 1 或 2 个，后足胫节有 2 个；前翅有 2 条臀脉，且 A_2 脉通常较远离翅缘，a_2 室较宽；Rs 脉较长，起点远离 Sc_2 脉与 R_1 脉的交汇点。m_1 室具柄；m-cu 脉位于 M 脉分叉之后。

分布：世界广布。世界已知 40 亚属约 2400 种（亚种），中国记录近 300 种，汗马保护区分布 1 种。

（68）端白普大蚊 *Tipula* (*Pterelachisus*) *pingi* Alexander, 1936（图 5-34）

特征：雄虫体长 12.0～17.0mm，前翅长 13.0～15.0mm。

头部浅灰色，头顶具 1 条褐色中纵纹延伸至后头。喙浅褐色，鼻突明显。触角柄节、梗节和基鞭节黄色，其余鞭节黑色。

胸部灰色，中胸前盾片具 4 条深灰褐色纵斑。胸侧浅灰色，背缘膜质区浅黄色。足基节灰色，转节黄色，腿节黄色但末端黑褐色，胫节黄褐色且末端加深，跗节棕黑色；胫节距式 1-2-2。翅盘区、臀室基部白色，沿翅弦具 1 个白色横斑，

r_5室端半部白色。

腹部背板黄色，且具棕黑色纵斑，第 5 节之后渐呈黑色。第 9 背板与第 9 腹板完全分开。第 9 背板后缘中部浅凹，凹陷中部呈 1 个扁平的尖锐突起，其末端不超过两侧突末端；生殖叶很小，基部较窄，端部 2/3 加宽；抱握器外侧面近背脊中部具 1 个黑色突。

雌虫体长 20.0mm，前翅长 17.0mm。形态与雄虫相似，尾须细长。

观察标本：1♂，内蒙古大兴安岭汗马国家级自然保护区，波诺河吊桥边，马氏网诱集，海拔 854m，2015.VIII.28，史丽。

分布：内蒙古、河北、北京、山西。

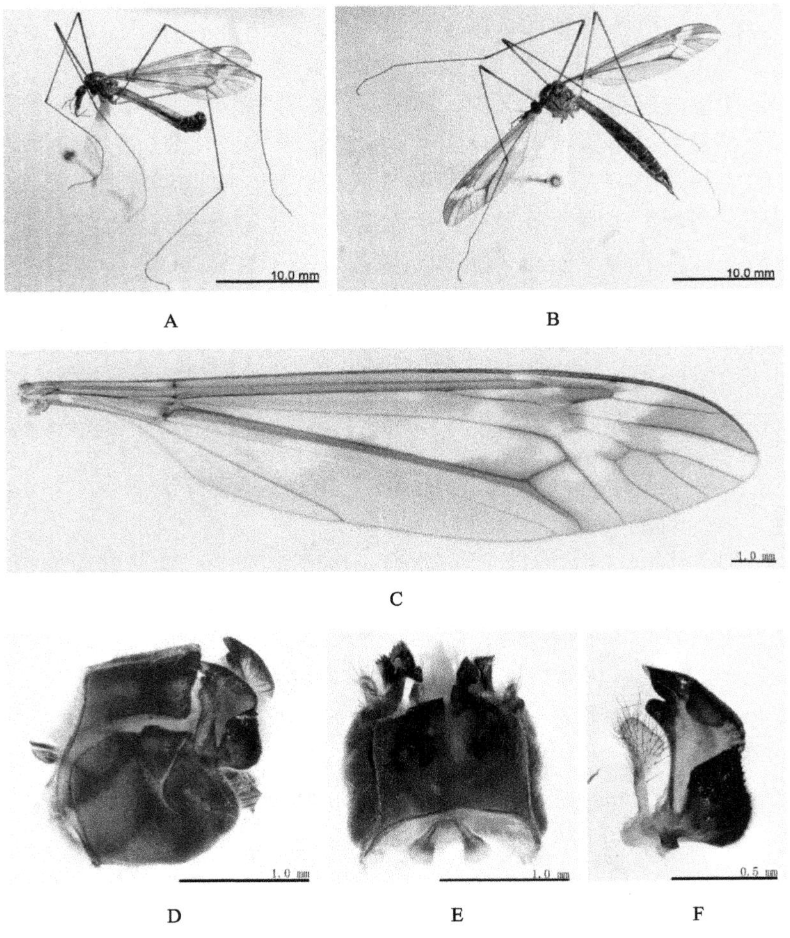

A—雄性整体，侧视；B—雌性整体，侧视；C—翅；D—雄性外生殖器，侧视；E—雄性外生殖器，背视；F—雄性生殖叶与抱握器，侧视。

图 5-34　端白普大蚊 *Tipula* (*Pterelachisus*) *pingi* Alexander, 1936

参考文献

刘启飞，李彦，张晓，等，2018. 大蚊科[M]//石福明，王建军，等. 历山昆虫与蛛形动物. 北京：科学出版社：432-435.

刘星月，刘启飞，李彦，等，2009. 大蚊科[M]//杨定. 河北动物志：双翅目. 北京：中国农业科学技术出版社：35-50.

ALEXANDER C P, 1936. New or little-known Tipulidae from eastern Asia (Diptera). XXX [J]. Philippine Journal of Science, 60: 165-204.

OOSTERBROEK P, 2019. Catalogue of the craneflies of the world, (Diptera, Tipuloidea: Pediciidae, Limoniidae, Cylindrotomidae, Tipulidae)[DB/OL]. http://ccw.naturalis.nl/.

（二十）长足虻科 Dolichopodidae

王孟卿[1]，杨定[2]

（1. 中国农业科学院植物保护研究所，北京，100081；2. 中国农业大学植物保护学院，北京，100193）

特征：体小至中型（体长 0.8～9.0mm）。体色一般为金绿色，有发达的鬃；头部一般稍宽于胸部，胸背较平，腹部渐向后变窄，不少种类雄性腹端膨大向腹面钩弯。头部额较宽，且前面较窄；颜比额窄，唇基较短且部分或完全与颜愈合。触角柄节一般长于梗节，有时有背毛；梗节常比柄节宽；第 1 鞭节较粗大，形状多样，触角芒 2 节，基节较短，端节细长。喙短瓣状，下颚须 1 节。前缘脉绕翅缘终止于中脉末端处；Sc 脉不伸达翅前缘，末端与 R_1 脉愈合；R_1 脉较短，末端不超出翅的基半部；Rs 脉的柄很短，从肩横脉附近处伸出，R_{2+3} 脉和 R_{4+5} 脉不分岔，盘室与第 2 基室愈合；r-m 脉很短，接近翅基部；臀室很短，不超过翅长的 1/3。足细长，有发达的鬃；有时同种内雌雄足的形状不同；爪间突一般刚毛状。

生物学：幼虫长筒形，有 12 节；头部短小，胸部稍向前变窄；腹部各节几乎等粗，第 1～7 腹节前缘各有 1 对条形突，有伪足的功能；末节端类似截形，至少有 4 个瓣状突。成虫多出现在潮湿的环境中，如在河流、湖泊、海洋岸边的土上或植物上活动，大部分为捕食性，以昆虫或小的低等动物为食，生活在水面上的种类能捕食跳虫和摇蚊的幼虫等。幼虫多生活在潮湿的沙地或土中，有些则为水生；幼虫为捕食性，一些类群捕食小蠹而有益。

分布：世界已知 270 余属约 7000 种，中国记录 66 属 1000 余种，汗马保护区分布 4 属 4 种。研究标本保存于中国农业科学院植物保护研究所昆虫标本馆。

分属检索表

1. 雄性外生殖器小，盖帽状……………………………………黄鬃长足虻属 *Chrysotimus*
- 雄性外生殖器相当大而大部分裸露……………………………………………………2
2. 后顶鬃 1 根；雄性第 8 腹板有强鬃……………………………………………………3

- 后顶鬃 2 根；雄性第 8 腹板没有强鬃............................... 合长足虻属 *Sympycnus*

3. 触角第 3 节近三角形，端部尖；触角芒端位................. 小异长足虻属 *Chrysotus*

- 触角第 3 节半圆形，端部钝；触角芒背位或中背位.... 弥长足虻属 *Melanostolus*

40. 小异长足虻属 *Chrysotus* Meigen,1824

特征： 体小至中型，金绿色。头顶没有或只有浅的凹。额明显宽于颜；颜向下变窄或两侧平行。触角第 1 节光裸。雄虫触角第 3 节短小，触角芒亚端位。小盾片长不等于宽。前胸侧板上部光裸或只有极少的鬃。中胸背板均匀突起或在小盾片之前大部分弱的平展。中、后足腿节没有明显的端前鬃。腹部第 1 腹板光裸无毛。

分布： 世界性分布。世界已知 301 种，中国记录 37 种，汗马保护区分布 1 种。

（69）洛阳小异长足虻 *Chrysotus luoyangensis* Wang & Yang, 2008（**图** 5-35）**内蒙古新记录种**

特征： 雄虫体长 2.0～2.3mm，翅长 1.8～2.1mm。

头部金绿色，有浅灰色粉。复眼在颜相接。毛和鬃黑色；中下眼后鬃（包括后腹毛）浅黄色。触角黑色；触角第 3 节近梯形，宽是长的 1.2 倍；触角芒在端部凹槽中，黑色，有短毛。喙浅黑色，有黑毛；须黄色，有 2 根褐色端鬃。

胸部暗金绿色，有浅灰粉。毛和鬃黑色。具 5 对强的背中鬃，中鬃 5～6 对，短毛状。小盾片有两对鬃（基对短毛状）。前胸侧板下部有 2 根短的黑色鬃。足黄色；前足基节黄色，基部黑色；中、后基节黑色端部黄色。前、中足跗节自第 1 节端部向外浅褐色至褐色。后足腿节端半部浅黑色，后足胫节端部 1/3 和后足跗节浅黑色。足毛和鬃黑色。前、中足基节有浅黄色前端鬃，后足基节在基部有 1 根外鬃。前足腿节端部有 2～3 根后腹鬃；中足腿节端部有 2 根前腹鬃和 2～3 根后腹鬃；后足腿节端部有 3～4 根前背鬃和 1～2 根后腹鬃。中足胫节有 3 根前背鬃（1 短，2 长）和 2 根短的后背鬃，末端有 4 根鬃；后足胫节有 1 根前背鬃、4～5 根后背鬃和 1 排前腹鬃，末端有横排的梳状毛和 4 根鬃。中、后足第 1 跗节各有 1 排短的腹鬃。足的胫节和跗节相对长度比分别为：前足 3.6∶1.8∶0.9∶0.7∶0.4∶0.4；中足 4.6∶2.6∶1.2∶0.9∶0.5∶0.4；后足 5.4∶1.5∶1.4∶0.9∶0.5∶0.5。翅白色透明，脉褐色；CuAx 值 0.2。腋瓣浅黄色，具黑色毛。平衡棒浅黄色。

腹部暗金绿色，有浅灰色粉。毛和鬃黑色。雄性外生殖器：第 9 背板有些圆；背侧突钝，端部弯；尾须短宽，端部有些尖；阳茎细长，端部分叉；下生殖板短而尖。

雌虫体长 2.2mm，翅长 2.1mm。形态相似于雄虫。

观察标本： 1♂，内蒙古大兴安岭汗马国家级自然保护区，波诺河，马氏网第 1 瓶，海拔 854m，2015.VII.23，史丽。

分布：内蒙古、河南、甘肃。

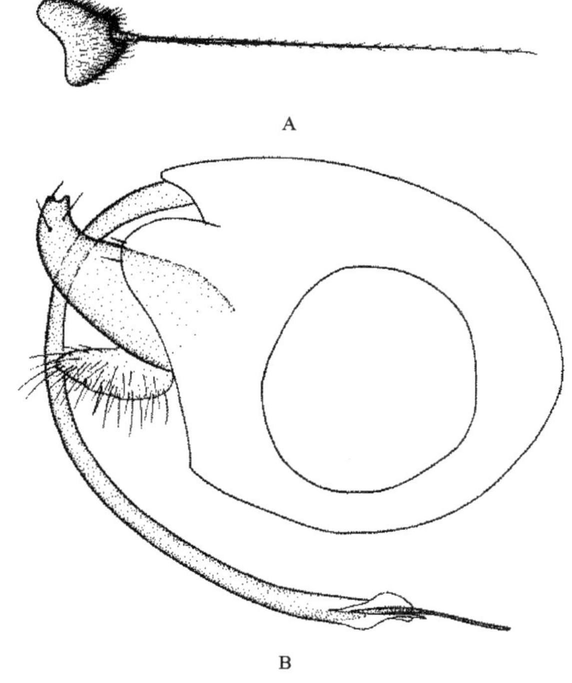

A—触角，侧视；B—外生殖器，侧视。

图 5-35 洛阳小异长足虻 *Chrysotus luoyangensis* Wang & Yang, 2008（♂）

41. 弥长足虻属 *Melanostolus* Kowarz, 1884

特征：体小至中型，金绿色。触角第 3 节小；触角芒背位。后足腿节没有端前鬃，中、后足腿节端部有几根腹鬃。翅 R_{4+5} 脉与 M 脉端部平行。雄虫腹部第 6 背板有毛；第 8 腹板有强鬃。雄性外生殖器小，与生殖前节连接紧密，盖帽状。

分布：古北区分布。世界已知 6 种，中国记录 2 种，汗马保护区分布 1 种。

（70）云南曲胫长足虻 *Campsicnemus yunnanensis* Yang & Saigusa, 2001（图 5-36） 内蒙古新记录种

雄虫体长 1.9～2.0mm，翅长 1.5～1.6mm。

头部金绿色，有灰白色粉；颜中部窄，下部有褐色粉。毛和鬃黑色；中下眼后鬃及腹毛淡黄色。触角黑色；第 3 节圆锥形，长为宽的 2.0 倍；触角芒背位，黑色。喙黑色，有黑毛；触角须黑色，有黑毛。

胸部金绿色，有灰白色粉；中胸背板和小盾片有灰褐色粉。毛和鬃黑色；具 5 根背中鬃（第 1 根相当短），中鬃单列，6～7 根；小盾片有 2 对鬃（基对鬃弱，长为端对鬃的 1/5），在两根端鬃之间有 3～4 根淡黄色缘毛。前胸侧板有淡黄色毛，下部有 1 根黑色鬃。足黄褐色；前足基节黄褐色，基部黑色，中、后足基节黑色；中足胫节黑色；跗节自第 1 跗节往外褐色至暗褐色。足毛和鬃黑色；前足基节有淡黄色毛和 6 根黑色鬃。中足腿节端半部有 1 排（17 根）前腹鬃；后足腿节（端部 1/3 除外）有 1 排前腹鬃和 1 排后腹鬃。前足胫节有 1 根后背鬃，末端有 1 根鬃；中足胫节稍加粗且弯，有 1 根后背鬃和 2 排腹鬃（基部的较强），末端有 3 根鬃；后足胫节有 3 根前背鬃、3 根后背鬃和 2 根前腹鬃，末端有 4 根鬃。中足第 2～5 腹节有稍弯的长背毛。各足胫节和跗节相对长度比为：前足 1.4∶0.8∶0.3∶0.2∶0.15∶0.2；中足 2.0∶0.65∶0.5∶0.3∶0.2∶0.35；后足 2.6∶0.7∶0.7∶0.5∶0.25∶0.3。翅近透明；脉暗褐色，R_{4+5} 脉与 M 脉端部近平行；CuAx 值 0.7。腋瓣黄色，有黑毛。平衡棒红黄色。

腹部短，背腹有些扁平，金绿色，有灰白色粉。毛和鬃黑色。雄性外生殖器：第 9 背板长稍大于宽；背侧突相当短，端部浅裂；尾须相当短而粗；下生殖板端有些尖。

雌虫体长 2.1 mm，翅长 2.1 mm。形态与雄虫近似，但各胫节黄褐色。

观察标本：1♂，内蒙古大兴安岭汗马国家级自然保护区，波诺河，海拔 854m，2015.VII.23，史丽。

分布：内蒙古、云南、广东、福建。

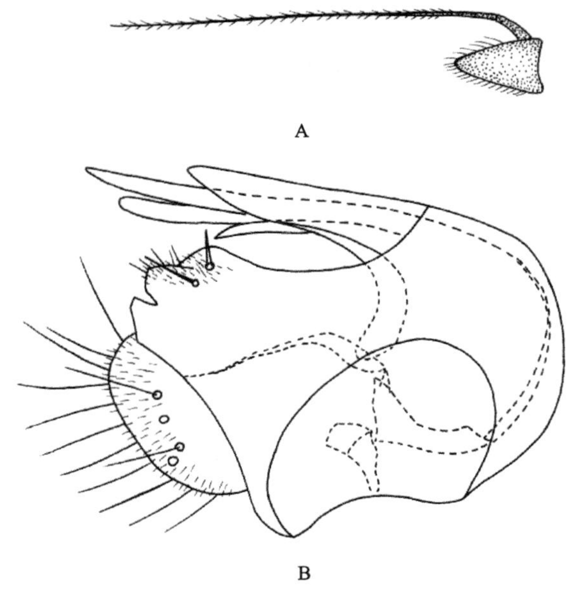

A—触角；B—外生殖器，侧视。

图 5-36　云南曲胫长足虻 *Campsicnemus yunnanensis* Yang & Saigusa, 2001（♂）

42. 合长足虻属 *Sympycnus* Loew, 1857

特征： 体小至中型（体长 1.25～3.80mm，翅长 1.50～3.20mm）。头部金绿色，有灰白色粉；额部有薄粉。头顶平，不凹；后头明显，上后头不明显凹。单眼瘤弱，有 1 对强的单眼鬃；顶鬃与单眼鬃近等长，后顶鬃短于顶鬃。颜明显窄于额，有时中部明显变窄，有唇基缝，唇基侧缘与复眼内缘分开。触角第 1 节无背毛，第 3 节近三角形，有时明显延长；触角芒背位，有短绒毛。喙和须短小。中胸背板中后区不平。中鬃单列或双列，偶尔缺如；背中鬃 5～6 对。具 1 根肩鬃、1 根肩后鬃、1 根内肩鬃、1 根缝鬃、2 根背侧鬃、2 根翅上鬃、1 根翅后鬃。前胸侧板下部有 1 根鬃。后足基节基部 1/3 或靠中部有 1 根外鬃，中、后足腿节各有 1 根端前鬃。后足第 1 跗节明显缩短。雄性有时第 1～2 跗节均缩短。翅通常白色透明，R_{4+5} 脉和 M 脉端部几乎平行，M 脉较直。雄性外生殖器很小，隐藏在腹部末端，与生殖前节连接紧密，呈盖帽状。

分布： 世界性分布。世界已知 258 种，中国记录 15 种（其中 13 种分布在台湾），汗马保护区分布 1 种。

（71）简单合长足虻 *Sympycnus simplicitarsus* Becker, 1900（图 5-37） 中国新记录种

特征： 触角第 3 节宽稍大于长，触角芒背位。足黄色：前足基节黄色，中足基节黑色，最端部黄色，后足基节基半部黑色，端半部黄色；各足腿节和胫节黄色；各足第 1 跗节端部向外褐色。前足腿节端部有 4～5 根腹鬃，前足胫节稍弯曲，有 1 排短的背鬃和短的腹鬃。前足第 1 跗节延长，超过第 2～4 节长度之和；后足基跗节长于第 2 跗节。

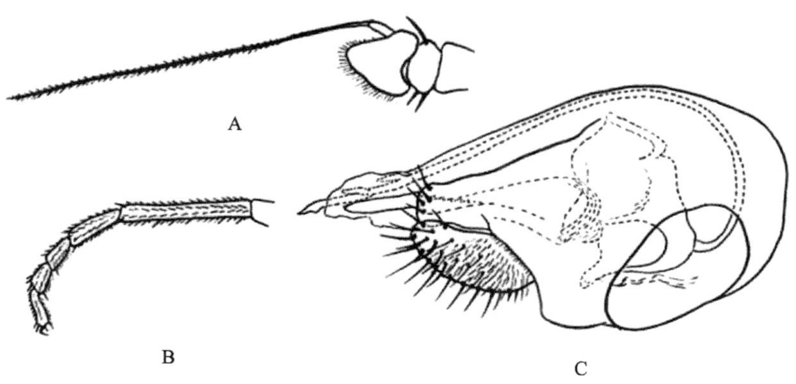

A—触角；B—前足跗节，侧视；C—外生殖器，侧视。

图 5-37　简单合长足虻 *Sympycnus simplicitarsus* Becker, 1900（♂）

观察标本： 4♂♂19♀♀，内蒙古大兴安岭汗马国家级自然保护区，波诺河，海拔 854m，2015.VIII.28，史丽；2♂♂2♀♀，内蒙古大兴安岭汗马国家级自然保护区，

波诺河，马氏网第 1 瓶，海拔 854m，2015.VII.23，史丽；4♀♀，内蒙古大兴安岭汗马国家级自然保护区，波诺河，马氏网第 2 瓶，海拔 854m，2015.VIII，史丽。

分布：内蒙古；欧洲各国。

43. 黄鬃长足虻属 *Chrysotimus* Loew, 1857

特征：体小型（体长 1.4～2.8mm）。体色金绿色。头部和胸部的毛和鬃通常黄色，有时胸部的毛和鬃为浅褐色。额宽，向前变窄；颜窄于额，两侧平行。复眼分离。触角第 3 节小，通常为半圆形，宽大于或等于长，端部钝；触角芒背位至端位。胸部阔，中胸背板中后域明显平。背中鬃 4～6 对，中鬃双列或缺如。足常黄色或浅褐黄色，第 5 跗节褐色。后足基节近中部有 1 根外鬃，中、后足腿节常有端前鬃，前足胫节没有明显的背鬃，但中、后足胫节有明显的前背鬃和后背鬃；绝大多数雄虫后足第 1 跗节基部有一些黑色竖直的短腹鬃，并且雄虫中足基跗节一般至少与第 2～4 跗节之和等长。雄性外生殖器小，隐藏在腹部末端，呈盖帽状。

分布：古北区、东洋区、澳新区、新北区、新热带区均有分布。世界已知 67 种，中国记录 30 种，汗马保护区分布 1 种。

(72) 中华黄鬃长足虻 *Chrysotimus sinensis* Parent, 1944（图 5-38） 内蒙古新记录种

特征：雄虫体长 1.6mm，翅长 1.6mm。头部金绿色，带浅灰色粉；额和颜光亮。头上的毛和鬃黄色。

胸部金绿色，带浅灰色粉；中胸背板和小盾片光亮。毛和鬃褐色；中鬃缺如；小盾片有 2 对鬃。前胸侧板下部有 1 根黄色毛。足黄色；前足基节黄色，中、后足基节暗褐色；第 5 跗节褐色。足毛和鬃黄色；基节有黄色的毛和鬃；中足胫节基部有 2 根前背鬃和 1 根后背鬃，末端有 3 根鬃；后足胫节基部有 2 根前背鬃，端部 1/3 有 1 根后背鬃，末端有 4 根鬃。翅透明；脉浅褐色，R_{4+5} 脉和 M 脉端部平行。腋瓣黄色，具浅黄色毛。平衡棒黄色。

腹部金绿色，带浅灰色粉，背部光亮。毛和鬃浅黄色。雄性外生殖器：第 9 背板长明显大于宽，端部有短的侧突；背侧突背叶细长，腹叶粗而弯；尾须细长，有中等长度的毛。阳茎长，端部弯曲。

雌虫体长 1.6 mm，翅长 1.6 mm。除生殖器外，形态同雄虫。

观察标本：1♂，内蒙古大兴安岭汗马国家级自然保护区，管理站栈道深处 200m，2015.VII.23，史丽。

分布：内蒙古、河北。

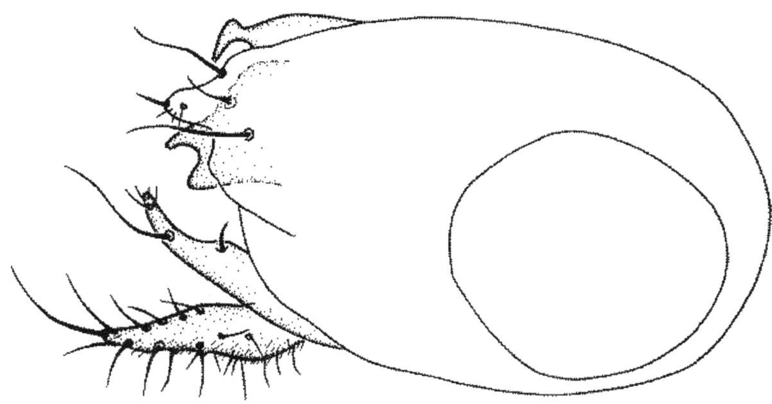

图 5-38 中华黄鬃长足虻 *Chrysotimus sinensis* Parent, 1944 外生殖器侧视

参 考 文 献

杨定，三枝丰平，2000. 双翅目：长足虻科[M]//申效诚，裴海潮. 伏牛山南坡及大别山区昆虫 IV. 北京：中国农业科技出版社：380-387.

杨定，三枝丰平，2005. 双翅目：长足虻科[M]//杨星科. 秦岭西段及甘南地区昆虫. 北京：科学出版社：740-765.

杨定，张莉莉，王孟卿，等，2011. 中国动物志，昆虫纲，第 53 卷，双翅目：长足虻科[M]. 北京：科学出版社.

BECKER T, 1922. Dipterologische Studien. Dolichopodidae der Indo-Australischen Region[J]. Capita Zoologica, 1(4): 1-247.

OLEJNÍČEK J, 2004. Three new *Hercostomus* species from China (Insecta, Diptera, Dolichopodidae)[J]. Acta Zoologica Universitatis Comenianae, 46(1): 7-13.

PARENT O, 1926. Dolichopodides nouveaux de l'extrême orient paléarctique[J]. Encyclopedie Entomologique (B II) Diptera, 2: 111-149.

PARENT O, 1936. Schwedisch-chinesische wissenschaftliche Expedition nach den nordwestlichen Provinzen Chinas. 37. Diptera. 12. Dolichopodidae[J]. Arkiv for Zoologi, 27B(6): 1-3.

PARENT O, 1944. Diptères Dolichopodides recueillis en Chine du Nord, en Mongolie et en Mandchourie par le R. P. E. Licent[J]. Revue Francaise d'Entomologie, 10(4): 121-131.

WANG M Q, CHEN H, YANG D, 2010. New species of the genus *Neurigona* (Diptera: Dolichopodidae) from China[J]. Zootaxa, 2517: 53-61.

WANG M Q, YANG D, 2004. A new species of *Argyra* Macquart, 1834 from China (Diptera: Dolichopodidae)[J]. Annales Zoologici, 54(2): 385-387.

WANG M Q, YANG D, GROOTAERT P, 2009. New species of *Nepalomyia* from China (Diptera: Dolichopodidae)[J]. Zootaxa, 2162: 37-49.

YANG D, 1995. Three new species of the subfamily Sciapodinae from China (Diptera: Dolichopodidae)[J]. Bulletin de l'Institut Royal des Sciences Naturelles de Belgique Entomologie, 65: 179-181.

YANG D, 1996. New species of Dolichopodinae from China (Diptera, Dolichopodidae)[J]. Entomofauna, 17(18): 317-324.

YANG D, 1997a. New species of *Amblypsilopus* and *Hercostomus* from China (Diptera, Dolichopodidae)[J]. Bulletin de l'Institut Royal des Sciences Naturelles de Belgique Entomologie, 67: 131-140.

YANG D, 1997b. Eight new species of *Hercostomus* from China (Diptera, Dolichopodidae)[J]. Studia Dipterologica, 4(1): 115-124.

YANG D, SAIGUSA T, 1999. New species of Dolichopodidae from Henan (Diptera: Empidoidea)[M]//SHEN X C, PEI H C. Insects of the Mountains Funiu and Dabie regions. Beijing: China Agricultural Scientech Press:189-210.

YANG D, SAIGUSA T, 2001a. A review of the Chinese species of the genus *Ludovicius* (Empidoidea, Dolichopodidae)[J]. Deutsche Entomologische Zeitschrift, 48(1): 83-92.

YANG D, SAIGUSA T, 2001b. New and little known species of Dolichopodidae from China (VIII)[J]. Bulletin de l'Institut Royal des Sciences Naturelles de Belgique Entomologie, 71: 155-164.

YANG D, SAIGUSA T, 2001c. New and little known species of Dolichopodidae (Diptera) from China (IX)[J]. Bulletin de l'Institut Royal des Sciences Naturelles de Belgique Entomologie, 71: 165-188.

YANG D, SAIGUSA T, 2001d. New and little known species of Dolichopodidae from China (X): The species of *Hercostomus* from Yunnan[J]. Bulletin de l'Institut Royal des Sciences Naturelles de Belgique Entomologie, 71: 189-236.

YANG D, SAIGUSA T, 2001e. New and little known species of Dolichopodidae (Diptera) from China (XI)[J]. Bulletin de l'Institut Royal des Sciences Naturelles de Belgique Entomologie, 71: 237-256.

YANG D, SAIGUSA T, 2001f. The species of *Neurigonella* from China (Diptera: Empidoidea: Dolichopodidae)[J]. Annales de la Sociéte Entomologique de Frances (N.S.), 37(3): 375-392.

YANG D, SAIGUSA T, 2002g. The species of *Hercostomus* from the Qinling Mountains of Shaanxi, China (Diptera, Empidoidea, Dolichopodidae)[J]. Deutsche Entomologische Zeitschrift, 49(1): 61-88.

YANG, D, ZHU, Y J, WANG, M Q, et al., 2006. World catalog of Dolichopodidae (Insecta: Diptera)[M]. Beijing: China Agricultural University Press.

ZHANG L L, YANG D, 2005. Contribution to the species of the *Hercostomus* (*Hercostomus*) *absimilis* group from China (Diptera, Dolichopodidae)[J]. Deutsche Entomologische Zeitschrift, 52(2): 241-244.

ZHANG L L, YANG D, GROOTAERT P, 2003. New species of *Chrysotimus* and *Hercostomus* from Beijing (Diptera: Dolichopodidae)[J]. Bulletin de l'Institut Royal des Sciences Naturelles de Belgique Entomologie, 73: 189-194.

ZHU Y J, YANG D, 2007. Two new species of *Condylostylus* Bigot from China (Diptera: Dolichopodidae)[J]. Transactions of American Entomological Society, 133(3-4): 353-356.

（二十一）舞虻科 Empididae

王宁[1]，周青霞[2]，李晓丽[2]，杨定[2]

（1. 中国农业科学院草原研究所，呼和浩特，010010；2. 中国农业大学植物保护学院，北京，100193）

特征：体小至中型（体长 1.5～12.0mm），细长，体色褐色至黑色，或黄色有黑斑，一般有明显的鬃。头部较小而圆；雌雄复眼分开，或在颜区（或额区）相接。触角鞭节基部 1 节较粗，末端生有 1～2 节的端刺或芒。喙一般较长且坚硬。胸部背面隆起。前缘脉有时环绕整个翅缘；Sc 脉端部多游离，有时也完全终止于前缘脉；R_{4+5} 脉多分叉，R_5 脉一般终止于翅端；臀室短，离翅缘较远处关闭，盘室有时不存在。翅基部较窄，腋瓣一般不发达。足细长，前足有时为捕捉足，中足或后足腿节有时也明显加粗，腹面有齿。一些种类的足雌雄异形，雌性足有羽状鬃或雄性足基跗节膨大；驼舞虻属 *Hybos* 一些种类雄性后足腿节较粗，而雌性后足腿节较细，且有时腹鬃较少。雄性外生殖器两侧对称或不对称，生殖基节和生殖突退化，第 9 背板和下生殖板较发达。雌性尾须 1 节；精囊 1 个或不存在。

幼虫长筒状，有12节。头部很小；胸部稍向前变窄；腹部无伪足；末节有侧沟；两端气门式呼吸。而水生幼虫腹部有7～8对伪足，末端有指状突或瘤突，其上有成对的鬃；无气门式呼吸。

生物学：成虫多发生在潮湿环境的植物上，也出现在树干甚至水面上；捕食性，主要捕食双翅目的蚊类和蝇类、同翅目的木虱类和蚜虫类等。有些种类有群飞习性，交尾时常在陆地或水面上空大量聚集，成群飞舞。有些舞虻如舞虻属 *Empis*、猎舞虻属*Rhamphomyia*和喜舞虻属*Hilara*的种类有送“彩礼”的习性，雄虻携带猎物直到交尾时送给雌虻。有些种类在进献“彩礼”之前把小小的猎物（小虫）用泡沫裹成一团，当雌虻抱着这华而不实的东西寻找里面的小虫时，雄虻则趁机与之交配。有些种类有访花习性。幼虫生活在土壤中、腐木中、树皮下及淡水中，捕食小的节肢动物。

分布：世界性分布。世界已知 180 余属 5000 余种，中国记录 500 余种，汗马保护区分布 3 属 3 种。

分属检索表

1. 雌虫复眼分开；喙非刺状；后足非捕捉式..2
\- 雌雄复眼均为接眼式；喙前伸的刺状；后足为捕捉式..............驼舞虻属 *Hybos*
2. 喙有些短粗，长小于头高..长喙舞虻属 *Heleodromia*
\- 喙很细长，长大于头高很多..舞虻属 *Empis*

44. 驼舞虻属 *Hybos* Meigen, 1803

特征：雌雄复眼均为接眼式，在额区长距离相接；复眼背部小眼面通常扩大，但有的种类小眼面不扩大。单眼瘤明显，有 1 对单眼鬃。颜较短窄。触角基部 3 节较短小；第 1 节和第 2 节较短，第 1 节无背鬃，第 2 节有 1 圈端鬃，第 3 节较长，近卵圆形，通常有 1～2 根背鬃或腹鬃。触角芒 2 节（基节很短），长丝状，长至少为基部 3 节的 2 倍，通常有微毛且细的端部无毛。喙刺状，水平前伸；须细长，与喙等长，有数根腹鬃。胸部明显隆突；中胸背板中后区稍平。无肩鬃；具 2 根背侧鬃、1 根翅后鬃；具 2 根横向的盾前鬃；小盾片有 1 对小盾鬃和数根缘毛。翅臀叶发达；前缘脉绕至 M_1 脉末端；径分脉短，远离肩横脉；R_{4+5} 脉和 M_1 脉稍分叉；有盘室，向翅缘伸出 2 条脉；臀室长于基室，端部尖。后足腿节较粗长，有刺状腹鬃。雄性外生殖器较膨大，向右近 90° 旋转，左右不对称。

分布：世界性分布。世界已知 140 余种，中国记录 120 余种，汗马保护区分布 1 种。

（73）粗腿驼舞虻 *Hybos grossipes* (Linnaeus, 1767)（图 5-39）

特征：体长 3.0～5.0mm，前翅长 4.5～5.5mm。

头部黑褐色。复眼发达，接眼式，赤褐色至黄棕色，小眼面无明显分化；单眼黄色。触角褐色，但第 3 节仅被短毛；触角芒细长，长约为触角的 3 倍。喙强直，与头等长，呈浅褐色；须细长，呈浅褐色。

胸部显著隆突，黑褐色，具光泽。足为极浅的褐色至黑褐色。前足胫节具 2 根细长的背鬃；中足胫节具 3 根长背鬃，还有 2 根长的端腹鬃。后足腿节较胫节明显粗大，腹鬃大致 2 排、刺状，外侧的较长而稀疏，内侧的短而密；基跗节具短的刺状鬃。翅透明或略带浅褐色，具浅褐色翅痣，翅脉呈黄褐色。平衡棒白色。

腹部黑褐色，明显向下弯曲。雄性外生殖器：第 9 背板左背片较狭长，内缘明显凹缺，其背侧突钝圆且内具 1 指突；右背片较宽大，背侧突近方形；下生殖板基部略缢缩，端缘凹缺，分为二叶。

观察标本：19♂♂29♀♀，内蒙古大兴安岭汗马国家级自然保护区，波诺河吊桥边，海拔 854m，2015.VII.23，史丽；7♀♀，内蒙古大兴安岭汗马国家级自然保护区，波诺河森林，海拔 862m，2015.VII.23，史丽；2♂♂4♀♀，内蒙古大兴安岭汗马国家级自然保护区，中心管理站 200m 处溪流栈道，海拔 835m，2015.VII.24，史丽；2♂♂2♀♀，内蒙古大兴安岭汗马国家级自然保护区，救护站湿地，海拔 847m，2015.VII.24，史丽；2♀♀，内蒙古大兴安岭汗马国家级自然保护区，五支二岔灌丛，海拔 967m，2015.VII.28，史丽；1♂2♀♀，内蒙古大兴安岭汗马国家级自然保护区，五支二岔湿地，海拔 969m，2015.VII.28，史丽；2♂♂3♀♀，内蒙古大兴安岭汗马国家级自然保护区，果洛托尼基河森林，海拔 976m，2015.VII.30，史丽；11♀♀，内蒙古大兴安岭汗马国家级自然保护区，波诺河吊桥边，海拔 854m，2015.VIII.28，史丽；1♂5♀♀，内蒙古大兴安岭汗马国家级自然保护区，波诺河森林，海拔 854m，2015.VIII.28 史丽；1♀，内蒙古大兴安岭汗马国家级自然保护区，波诺河灌丛，海拔 854m，2015.VIII.28，史丽；3♀♀，内蒙古大兴安岭汗马国家级自然保护区，中心管理站 200m 处溪流栈道，海拔 835m，2015.VIII.28，史丽；10♀♀，内蒙古大兴安岭汗马国家级自然保护区，救护站湿地，海拔 847m，2015.VIII.28，史丽；3♀♀，内蒙古大兴安岭汗马国家级自然保护区，救护站森林，海拔 847m，2015.VIII.28，史丽；4♂♂10♀♀，内蒙古大兴安岭汗马国家级自然保护区，中心管理站 200m 栈道溪流开阔处，海拔 850m，2015.VIII.28，史丽；2♀♀，内蒙古大兴安岭汗马国家级自然保护区，牛耳湖森林，海拔 871m，2015.IX.17，史丽；1♂3♀♀，内蒙古大兴安岭汗马国家级自然保护区，吉娜米基马河灌丛，海拔 932m，2015.X.19，史丽。

分布：内蒙古、陕西、吉林、宁夏、甘肃、山西、河北、河南、四川；奥地利，比利时，捷克，斯洛伐克，英国，丹麦，瑞典，瑞士，芬兰，法国，德国，挪威，匈牙利，意大利，荷兰，立陶宛，波兰，罗马尼亚，俄罗斯。

图 5-39 粗腿驼舞虻 *Hybos grossipes* (Linnaeus, 1767)

45. 长喙舞虻属 *Heleodromia* Haliday, 1833

特征：复眼无毛，在颜中部接近；前部小眼面扩大。单眼瘤稍明显，有 1 对单眼鬃；上后头两侧有 5 根鬃。触角第 1 节较短，有背鬃；第 2 节稍比第 1 节粗长，有 1 圈端鬃；第 3 节端部一致显著细窄；触角芒细长，有很短的毛。喙粗长，向下伸；须短小，有些延长。胸部有 4 根背中鬃，前部有中鬃；小盾片有 1 对位于端缘中段的鬃。腿节有腹毛，前足腿节弱加粗。第 4～5 跗节均较短，几乎等长。翅基部狭窄；有肩横脉（h），亚前缘脉（Sc）较短，末端伸达翅前缘；径分脉（Rs）较短，R_{2+3} 脉与 R_{4+5} 脉均不分叉；第 1 基室稍长于第 2 基室，臀室后端角不明显尖，几乎与第 2 基室等长；盘室狭长，M_1 脉和 M_2 脉无基柄。雄性外生殖器强烈膨大而延长，呈长囊状，类似螳舞虻亚科的种类；生殖背板端部分叉多且不规则。

分布：东洋区、古北区、新北区分布。世界已知 26 种，中国记录 4 种，汗马保护区分布 1 种。

（74）无斑长喙舞虻 *Heleodromia* (*Heleodromia*) *immaculata* Haliday, 1833（图 5-40）

特征：体长 3.5mm，翅长 3.2mm。

头部黑色，有灰白色粉。复眼浅褐色，在额区短距离分开。头部的毛和鬃黑色，后腹面毛白色；具 1 对长的单眼鬃。触角黑色；第 1 鞭节长锥形，长为宽的 1.8 倍；触角芒很长，长为第 1 鞭节的 2.3 倍，有很短的微毛。喙长，长为头高的 0.9，浅黑色，有浅黑色的毛。须黑色，有 4 根黑色的毛（1 根长端鬃）。

胸部黑色，有灰白色粉。胸部的毛和鬃黑色；前胸背板有 1 根侧鬃；具 1 根肩鬃、1 根背侧鬃、3 根短的中鬃、5 根背中鬃、1 根翅后鬃；小盾片有 2 根鬃。足黑色，腿节末端浅褐色。前足腿节基部有成排的 3～4 根淡色的前腹鬃（最长的鬃也短于前足粗），中足腿节和后足腿节有短而淡色的前腹毛，足其余部分毛和鬃均为黑色。前足腿节粗为中足腿节粗的 1.1 倍，中足和后足腿节几近等粗。翅透明，略呈灰色；翅脉深褐色。腋瓣深黄色，边缘有淡色毛。平衡棒褐色。

腹部浅黑色，有灰白色粉，雄性外生殖器黑色。腹部毛和鬃浅黑色。第 8 背板和第 8 腹板较小；第 8 背板后方宽，后缘无任何突起。第 9 背板具短分叉，有短粗的前突和长指状的后突；背针突剧烈向前弯曲。

图 5-40　无斑长喙舞虻 *Heleodromia* (*Heleodromia*) *immaculata* Haliday, 1833

观察标本：1♂2♀♀，内蒙古大兴安岭汗马国家级自然保护区，波诺河灌丛，海拔 854m，2015.VIII.28，史丽；1♂8♀♀，内蒙古大兴安岭汗马国家级自然保护区，波诺河吊桥边，海拔 854m，2015.VIII.28，史丽；3♂♂4♀♀，内蒙古大兴安岭汗马国家级自然保护区，中心管理站 200m 栈道溪流开阔处，海拔 850m，2015.VIII.28，史丽；4♂♂1♀，内蒙古大兴安岭汗马国家级自然保护区，救护站灌丛，海拔 847m，2015.VIII.28，史丽；3♂♂2♀♀，内蒙古大兴安岭汗马国家级自然保护区，救护站湿地，海拔 847m，2015.VIII.28，史丽；2♂♂，内蒙古大兴安岭汗马国家级自然保护区，救护站森林，海拔 847m，2015.VIII.28，史丽；1♀，内蒙古大兴安岭汗马国家级自然保护区，中心管理站 200m 处溪流栈道，海拔 835m，2015.VIII.28，史丽；3♂♂，内蒙古大兴安岭汗马国家级自然保护区，牛耳湖森林，海拔 871m，2015.IX.17，史丽。

分布：内蒙古、陕西、西藏；朝鲜，欧洲各国。

46. 舞虻属 *Empis* Linnaeus, 1758

特征：头部高大于长。雄虫复眼在额区相接，背部小眼面明显扩大。喙很长。侧背片有长毛或鬃。翅前缘脉伸直 R_{4+5} 脉端；亚前缘脉末端不完整，游离，不伸达翅前缘；R_{4+5} 脉分二叉；R_5 脉明显终止于翅末端之前；M_1 脉末端有时不完整，游离，不达翅外缘。雄性外生殖器：第 9 背板左右半背片基部窄地相连或完全宽地分开；尾须发达，瓣状；阳茎长，强烈向背方弯曲。

分布：世界性分布。世界已知 161 种，中国记录 28 种，汗马保护区分布 1 种。

（75）背鬃缺脉舞虻 *Empis* (*Coptophlebia*) *dorsiseta* Zhou, Liu & Yang, 2017（图 5-41）

特征：体长 4.3mm，翅长 4.4mm。

头部黑色，被灰白色粉。复眼在额区相接，黄褐色，背部小眼面扩大。头部的毛和鬃黑色，后腹毛为黄褐色。单眼瘤明显，有两根细长的单眼鬃。触角黑色，第 1 节具黑毛，第 2 节亚端有黑毛；第 1 鞭节长锥形，长为宽的 3.7 倍；端刺短而稍粗，长度为第 1 鞭节的 0.55。喙长大于头部高度，浅黑色，被稀疏短毛；须浅黑色，具浅黑色毛。

胸部黑色，被灰白色粉；毛和鬃深黄色，盾片上的毛稍长且较稀疏；具 1 根肩鬃、3 根背侧鬃，无中鬃，具两列不规则排列的毛状背中鬃（靠后侧背中鬃较长）、1 根长盾前鬃、1 根长翅后鬃；盾片具 2 对小盾鬃，靠外侧的 1 对很短，长度大约是端对的 1/3。足黑褐色。腿节端部背面的毛和鬃部分或主要为深褐色至黑色，胫节和跗节的毛和鬃全部为深褐色至黑色，其余部分的毛和鬃为深黄色。腿节几乎等粗，没有明显的加粗。中足腿节具成排的短毛状前腹鬃和后腹鬃，末端后腹鬃相对较长。后足腿节腹侧面略微弯曲，基部大约有 10 根长后鬃，长度短于后足腿节的 1/2，前腹鬃和后腹鬃短毛状，中部前腹鬃相对较长。胫节均具成排的长背毛。前足胫节末端具 3 根鬃。中足胫节有 2 根前背鬃、5 根前腹鬃和 1 根后腹鬃；末端具 6 根鬃。后足胫节向端部逐渐加粗，具 2 根前背鬃、1 根后背鬃、1 根前腹鬃和 1 根后腹鬃；末端有 3 根鬃，包括 1 根后背鬃。前足跗节明显加粗，具长背毛和鬃，第 1～4 跗节末端有 6 根长鬃。中足第 1 跗节具 3 根长前背鬃、1 根短前腹鬃和 1 根短后腹鬃；末端具 5 根鬃。后足第 1 跗节略加粗，具 1 根长后背鬃和 1 根短前腹鬃；末端具 4 根鬃。翅透明；翅痣长，深褐色；翅脉褐色至深褐色，M_1 脉端部不完整。腋瓣褐色，具黄褐色毛。平衡棒黄褐色，球状突深黄色。

腹部直，端部稍向下弯，略呈亮褐色且披灰白色粉，端部（包括雄性外生殖器）黑色；雄性外生殖器明显膨大，明显粗于生殖前节。腹部的毛和鬃深黄色，雄性外生殖器的毛黑色。第 5 背板略微膨大，有 1 簇 5～6 根毛。雄性第 8 背板具宽中后突（端部有 1 个浅梯形缺口）和短钝的侧后突。第 9 背板半背片端部分叉；背侧突粗指状，具 7 根鬃；腹突斜长，端部窄，具长且密集的边缘毛，极细的顶端具 1 根长鬃。尾须近梯形，顶端的边缘处具粗鬃，短瘦的腹突末端具 2 根粗鬃。第 8 腹板具长缘鬃和膜状的中后突。

观察标本：1♂，内蒙古大兴安岭汗马国家级自然保护区，波诺河吊桥边，海拔 854m，2015.VII.23，史丽等。

分布：内蒙古、四川。

图 5-41　背鬃缺脉舞虻 *Empis* (*Coptophlebia*) *dorsiseta* Zhou, Liu & Yang, 2017

参考文献

杨定，王孟卿，朱雅君，等，2010. 河南昆虫志，双翅目：舞虻总科[M]. 北京：科学出版社.

杨定，杨集昆，2004. 中国动物志，昆虫纲，第 34 卷，双翅目：舞虻科螳舞虻亚科驼舞虻亚科[M]. 北京：科学出版社.

LIU X Y, WANG J J, YANG D, 2012. *Heleodromia* Haliday newly recorded from China with descriptions of two new species (Diptera: Empidoidea)[J]. Zootaxa, 3159: 59-64.

YANG D, ZHANG K Y, YAO G, et al., 2007. World catalogue of Empididae (Insecta: Diptera)[M]. Beijing: China Agricultural University Press.

ZHOU Q X, LIU X Y, YANG D, 2017. *Empis* (*Coptophlebia*) *hyalipennis*-group (Diptera: Empididae: Empidinae) from Sichuan[J].Transactions of the American Entomological Society, 143(3): 557-587.

（二十二）木虻科 Xylomyidae

李晓丽，周青霞，杨定
（中国农业大学植物保护学院，北京，100193）

特征：体小至中型，有些细长，有短毛而无鬃，多黑色而有黄斑。雌雄复眼分开，光裸无毛，小眼面大小一致；额一般向头顶变窄。唇基突起，近梯形。触角较长，鞭节分 8 亚节，末端尖。口器发达，肉质；触角须 1～2 节。胸部背面稍隆起；前胸腹板与前胸侧板愈合，形成基节前桥。后足比前中足长，后足基节基部有 1 个腹突；胫节距式 0-2-2；爪间突垫状。翅瓣发达；前缘脉终止于 M_2 脉末端处或之前，R_1 脉与 R_{2+3} 脉末端较远离，Rs 脉柄较短，R_{4+5} 脉分叉，R_5 脉终止于翅端，M_2 脉存在；第 4 后室关闭，盘室大而长，臀室在翅缘附近关闭。腹部可见 7～8 节，第 1 节背板多有 1 膜质区域。雄虫腹端第 10 背板和下生殖板不存在，生殖基节在腹面较窄的愈合；生殖基节与生殖突愈合，无明显分界线；无阳茎鞘。雌尾须 2 节；精囊 3 个，共同的导管长，中精囊特化成大的腺囊。

分布：世界性分布。世界已知 5 属 140 余种，中国记录 3 属 37 种，汗马保护区分布 1 属 1 种。

47. 木虻属 *Xylomya* Rondani, 1861

特征：体中到大型，细长。两性复眼均分裂，裸，小眼面大小一致。额向头顶汇聚。触角较长；柄节稍长于梗节。须 1 节。小盾片无刺。后足股节细长，股节腹面无小齿。胫节距式 0-2-2。腹部较窄，腹部第 1 节基部无大的半圆形膜质区。雄性外生殖器：第 9 背板具背针突；尾须通常宽大；第 10 腹板端部分为 3 叶；第 8 腹板端部分为 2 叶。

分布：除非洲区和澳新区外，其他区系均有分布，以古北区最多。世界已知

37 种，中国记录 11 种，汗马保护区分布 1 种。

（76）雅木虻 *Xylomya gracilicorpus* Yang & Nagatomi, 1993（图 5-42，图 5-43）

内蒙古新记录种

特征：雌虫体长 8.9～11.6mm，翅长 8.1～10.8mm。

头部黑色，被淡灰色粉。头部毛淡黄色，但后头上部具黑毛。头高为长的 1.6 倍；复眼宽为触角到中单眼距离的 1.3～1.5 倍，为触角上额宽的 1.6～1.9 倍和颜宽的 1.2～1.5 倍；触角上额宽为单眼瘤宽的 2.1～2.4 倍，为中单眼处额宽的 1.3～1.4 倍，为颜宽的 0.8；喙下脊到触角的距离为触角到中单眼距离的 1.2～1.5 倍。触角暗褐色至黑色；柄节和梗节被黑毛；触角 3 节长比为 1.0∶0.5∶4.4。触角长为触角到中单眼距离的 1.6 倍。喙黄色，被淡黄毛。触角须淡黄色，被淡黄毛；须端部钝，长为触角到中单眼距离的 1.0～1.2 倍，宽为长的 0.3。胸部黑色，被淡灰色粉。肩胛黄色，中胸背板具 3 对黄色侧斑，小盾片黄色（除基部和侧边外）。中侧片上缘和后部黄色；侧背片具 1 大的黄斑；腹侧片后部黄褐色至褐色。胸部毛淡黄色。足黄色；转节、中足股节端部背面、后足股节端部（最末端除外），后足胫节端部不到 1/2 的部分、前、中足跗节（第 1 跗节基部除外）及后足跗节暗褐色至黑色。足上毛淡黄色和黑色。翅几乎透明，稍带黄色；翅脉褐色至暗褐色。平衡棒黄色。腹部黑色，被淡灰色粉，但第 8 背板、尾须、第 1 背板侧缘和

图 5-42　雅木虻 *Xylomya gracilicorpus* Yang & Nagatomi, 1993（♀）成虫侧面观

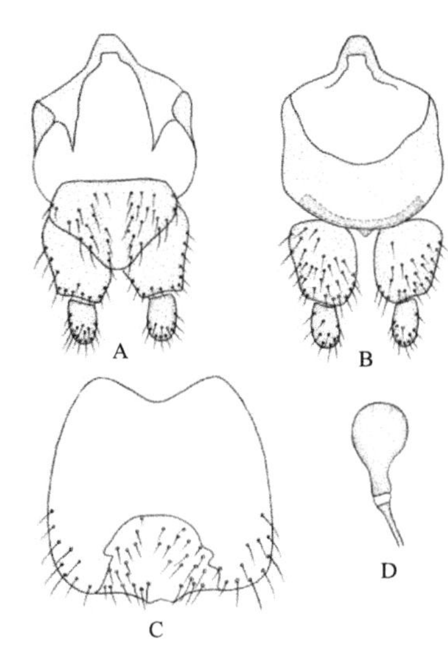

A—雌性生殖器，背视；B—雌性生殖器，腹视；C—第 8 腹板；D—受精囊头部。

图 5-43　雅木虻 *Xylomya gracilicorpus* Yang & Nagatomi, 1993（♀）

第2～7背板后缘黄色（第2～6背板的黄色带极窄）。腹部毛淡黄色，但背面有黑毛。雌性外生殖器：第8腹板方形，中后部具1大的非骨化区，前缘凹；第10背板很窄；尾须第1节长大于宽，矩形，第2节小，端部圆；第9背板不分开，大，前缘凹；生殖叉前端部小，前缘平截，侧部宽，后部尖；受精囊头部椭圆形，基部窄。

雄虫未知。

观察标本：1♀，内蒙古大兴安岭汗马国家级自然保护区，波诺河吊桥边，海拔854m，2015.VIII.28，史丽。

分布：内蒙古、黑龙江。

参考文献

杨定，张婷婷，李竹，2014. 中国水虻总科志[M]. 北京：中国农业大学出版社.

YANG D, NAGATOMI A, 1993. The Xylomyidae of China (Diptera)[J]. South Pacific Study, 14(1): 1-84.

六、膜翅目 Hymenoptera

（二十三）茧蜂科 Braconidae

朱佳晨，熊燕红，盛颖意，吴琼，唐璞，陈学新
（浙江大学农业与生物技术学院，杭州，310058）

反颚茧蜂亚科 Alyiinae

特征：成虫上颚有时外翻，左右上颚关闭时不触及，通常多于 2 齿（3～7 齿），且上颚会形成额外的齿；后头脊和胸腹侧脊缺如；并胸腹节、腹柄节背板和柄后腹常密被白毛。幼虫头部的结构与潜蝇茧蜂亚科 Opiinae 相似，均具简单而光滑的上颚。该亚科包含两族：反颚茧蜂族 Alysiini 和离颚茧蜂族 Dacnusini。反颚茧蜂族和离颚茧蜂族最主要的区别在于前翅 r-m 脉的有无。

生物学：反颚茧蜂亚科几乎所有的种均为双翅目 Diptera 环裂亚目 Cyclorrhapha 幼虫的单一内寄生蜂，但也有少数种类营聚寄生。

反颚茧蜂族 Alysiini

特征：头通常横型；唇基突出，后头脊缺如；幕骨陷存在，有时会延伸至复眼下方；成虫上颚通常具有 3 齿，少数甚至可达 4～7 齿，闭合时不能相互触及，有时甚至会外翻；腹柄节背凹明显，少数属不存在；前翅存在缘室和 3 个亚缘室，有时 1-SR+M 脉消失，导致第 1 亚缘室和盘室合并，或者 2-SR 脉消失，导致第 1 亚缘室和第 2 亚缘室合并；跗爪简单；产卵管鞘长度多样。

分布：世界已知 72 属 1447 种，中国记录 26 属 119 种，汗马保护区分布 8 属 11 种。

分属检索表

1. 前翅 2-1A 脉和 Cu_{1b} 脉消失，导致第 1 亚盘室后方开放；前翅 1-SR+M 脉消失 ....缺肘反颚茧蜂属 *Aphaereta*
- 前翅 2-1A 脉和 Cu_{1b} 脉存在，导致第 1 亚盘室封闭...2
2. 基节前沟消失，且翅痣线状或基部稍微变宽，长约为宽的 10 倍；触角第 3 节远长于触角第 4 节 ....反颚茧蜂属 *Alysia*
- 基节前沟中部存在，如果缺失则翅痣宽椭圆状；触角第 3 节长度多样，经常从长于到显著短于第 4 节 3

3. 触角第 3 节显著短于触角第 2 节，如果相等或稍许长则后翅 M+Cu 脉显著短于 1-M 脉，且前翅 3-SR 脉长于 2-SR 脉，如果相等则后翅 M+Cu 脉显著短于 1-M 脉；前翅 Cu_{1b} 长于 3-Cu_1 脉……光鞘反颚茧蜂属 *Phaenocarpa*
- 触角第 3 节等于或长于触角第 2 节，如果相等则后翅 M+Cu 脉长于 1-M 脉……4
4. 上颚第 3 齿腹方有 1 宽薄片；前翅 Cu_{1a} 与 2-Cu_1 脉近似水平；触角第 1 鞭节 1.5～1.7 倍长于触角第 2 鞭节；触角第 1 鞭节长是宽的 6～7 倍……劲椎反颚茧蜂属 *Cratospila*
- 上颚仅在腹方具 1 中型薄片或者不存在；前翅 Cu_{1a} 发出位置显著低于 2-Cu_1 脉；触角第 3 节近似于或长于触角第 4 节，如果为 1.3～1.7 倍则后翅 M-Cu 脉显著长于 1-M 脉……5
5. 上颚具 1 完整横脊；第 3 齿明显宽于其他两齿；唇基宽……宽齿反颚茧蜂属 *Orthostigma*
- 上颚最多具 1 斜状脊，无完整横脊；第 3 齿通常等于或小于其他两齿；唇基窄……6
6. 幕骨陷大，通常延伸至或者超过复眼下方；颚眼区光滑……巨穴反颚茧蜂属 *Aspilota*
- 幕骨陷小，通常远离复眼下方；无颚眼区或者具眼下斜陷……7
7. 前翅 2-SR 脉存在……线痣反颚茧蜂属 *Dinotrema*
- 前翅 2-SR 脉不存在……隐脉反颚茧蜂属 *Synaldis*

48. 反颚茧蜂属 *Alysia* Latreille, 1804

特征：头型变化大；上颚通常较大，端部平行或者扩大，具 3 齿；触角第 1 鞭节通常长于或等于第 2 鞭节；唇基椭圆形，通常中等大小；中胸侧板基节前沟通常宽，呈齿状，伸至侧板后方；后胸背板脊完整，不呈刺状；并胸腹节气门有时非常大，直径大于气门至该节前缘间距的 1/5；翅脉完整，翅痣椭圆形，前翅 r 脉通常从翅痣中后部发出；前翅 3-SR 脉通常短于 2-SR 脉；第 1 腹柄具多条纵脊，剩余腹背板光滑；产卵管鞘具密毛。

分布：古北区、东洋区、新北区、新热带区分布。世界已知 90 种，中国记录 5 种，汗马保护区分布 1 种。

(77) 亮体反颚茧蜂 *Alysia lucicola* Haliday, 1838（图 6-1） 内蒙古新记录种

特征：雌虫体长 3.6mm，前翅长 3.6mm。

头横型，背观宽为长的 1.8 倍；触角 31 节，触角上被密短毛，从第 2 鞭节开始逐渐加粗，触角第 1 鞭节长为第 2 鞭节长的 1.4 倍，复眼突出；背面观复眼为颊长的 1.6 倍；两颊在复眼后方先隆起，后收窄，不超过复眼；额在触角窝周围具褶皱，其余光滑，头顶光滑无毛；上颚端部略扩大，第 1 齿与第 2 齿相连，无切口，第 2 齿尖，突出，第 3 齿稍尖，中等大小；单眼区等边三角形排列；具 1 垂直的沟经过单眼到达头后方。颜面颗粒状，均匀拱隆，有细而分散的长毛；唇基略呈颗粒状，卵圆形，中等大小；下颚须完整，长于头部，可达中足基节。复眼侧观圆，高约等于宽。中胸侧观长为高的 1.7 倍；基节前沟长且宽，为齿状，前延伸至中胸侧板前缘，后延伸至中足基节，前基节沟存在，宽齿状；中胸盾片的中叶具密毛，盾纵沟仅前端存在，中陷存在，水滴状；小盾片前沟较宽，中间具 1 中纵脊；并胸腹节表面全部被有明显网状褶皱。后足基节光滑，后足腿节长为宽的 5.3 倍；后足跗节略等于后足胫节。翅痣长椭圆形；SR_1 脉几乎直，伸达翅痣，3-SR 脉长为 2-SR 脉的 0.7，r∶3-SR∶SR_1=5∶25∶61，r 脉从翅痣中部靠后端发出，m-cu 脉明显前叉。腹部第 1 背板两侧平行，长为端部的 2.1 倍，具纵刻条；背脊后方几乎不汇合；产卵管鞘与后足胫节等长。体黑色，足和上颚浅褐色，后足腿节端部、胫节端部 2/3 及跗节为深褐色，腹部为深褐色；翅透明，翅脉和翅痣深褐色。

观察标本：1♀，内蒙古大兴安岭汗马国家级自然保护区，吉娜米基马河一森林，马氏网第 4 瓶，海拔 935m，2016.VIII.19，申荣荣；1♀，内蒙古大兴安岭汗马国家级自然保护区，波诺河一森林，马氏网第 4 瓶，海拔 862m，2016.VIII.12，申荣荣。

分布：内蒙古；德国，法国，荷兰，俄罗斯，加拿大。

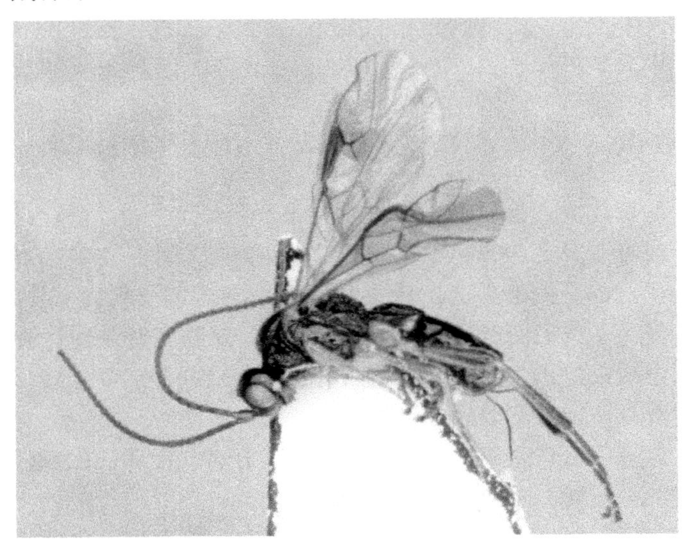

图 6-1　亮体反颚茧蜂 *Alysia lucicola* Haliday, 1838

49. 缺肘反颚茧蜂属 *Aphaereta* Foerster, 1863

特征：上颚具 3 齿，第 2 齿尖且突出，明显长于其余两齿，第 3 齿外斜脊甚明显。触角第 1 鞭节明显短于第 2 鞭节；唇基椭圆形，通常中等大小；中胸侧板基节前沟通常宽，齿状；后胸背板脊完整，不呈刺状；前翅 2-1A 脉和 Cu_{1b} 脉消失，导致第 1 亚盘室后方开放；前翅 1-SR+M 脉消失；第 1 腹柄具多条纵脊，剩余腹背板光滑；产卵管鞘具毛。

分布：古北区、东洋区、新北区、新热带区、澳新区分布。世界已知 41 种，中国记录 4 种，汗马保护区分布 2 种。

分种检索表

1. 盾纵沟仅延伸至中胸盾片中部，后方消失，不与中陷汇合，中陷小，椭圆形，不向前延伸；产卵管鞘短，是后足胫节的 0.8 .... 食蝇反颚茧蜂 *Aphaereta scaptomyzae*
- 盾纵沟在中胸盾片后方 1/2 存在，完整，于中陷处汇合，中陷通常向前延伸至中胸盾片中部；产卵管鞘长，与后足胫节相等 .... 薄角反颚茧蜂 *Aphaereta tenuicornis*

（78）食蝇反颚茧蜂 *Aphaereta scaptomyzae* Fischer, 1966（图 6-2）

特征：雌虫体长 1.7mm，前翅长 2.0mm。

头横型且光滑；触角不完整，右边触角余 18 节。触角第 2 鞭节长为第 1 鞭节长的 1.3 倍；复眼稍突出；颊很短，背面观复眼长为颊长的 1.9 倍；复眼后方颊两侧略收窄；上颚第 1 齿钝圆，第 2 齿尖，且明显长于其他两齿，第 3 齿钝；单眼区仅稍凸，等边三角形排列，POL 大于 OD，OOL 大于单眼区的 1/3；有 1 条明显垂直的沟经过单眼区伸至后头。颜面宽为高的 1.33 倍，均匀拱隆，无中区，完全光滑，有细而分散的长毛，刚可看出带毛刻点；唇基宽为高的 2.5 倍，无刻纹，与颜面有深凹痕分开，卵圆形；下颚须长于头高，可伸达中足基节。复眼侧观圆，高仅稍大于宽。中胸背板宽为长的 1.3 倍；中胸侧板部分区域光滑，基节前沟存在，较宽，且明显齿状；盾纵沟存在，具齿状且延伸至中胸 1/2 处，中陷存在，椭圆形；小盾片前沟较宽；并胸腹节中部褶皱，具中纵脊和齿状突起，其余部分光滑。足细，后足腿节长为宽的 6 倍；后足跗节与后足胫节等长。翅痣狭，楔形；3-SR 脉长为 2-SR 脉的 2 倍；SR_1 脉几乎直，伸达翅痣，r∶3-SR∶SR_1＝2∶5∶16，r 脉从翅痣中部靠前端发出。腹部第 1 背板长为端宽的 1.25 倍，拱隆；中部具纵刻条，其余光滑；背脊后方不汇合；产卵管鞘长为后足胫节长的 0.8。体黑色，触角基部 4 节黄色，其余部分为暗褐色；腹部除第 1 背板外为暗褐色；上颚黄褐色，但端部黑褐色；足黄色；翅透明，翅脉和翅痣褐色。

寄主：据国外记载为 *Scaptomyza disticha*。

观察标本：1♀，内蒙古大兴安岭汗马国家级自然保护区，200m 溪流栈道，马氏网第 4 瓶，海拔 835m，2016.VIII.12，申荣荣。

分布：内蒙古、浙江；朝鲜，俄罗斯，德国。

图 6-2　食蝇反颚茧蜂 *Aphaereta scaptomyzae* Fischer, 1966

（79）薄角反颚茧蜂 *Aphaereta tenuicornis* Nixon, 1939（图 6-3）

特征：雌虫体长 1.7mm，前翅长 2.1mm。

头横型且光滑；触角不完整，余 15 节。触角第 2 鞭节长为第 1 鞭节长的 1.5 倍；复眼稍突出；颊很短；背面观复眼长为颊长的 1.9 倍；复眼后方两颊稍隆起，后收窄；额和头顶光滑；上颚第 1 齿稍尖，中等大小，第 2 齿宽且间，明显突出，与第 1 齿间有 1 小切口，第 3 齿中等大小；单眼区仅稍凸，等边三角形排列，POL 大于 OD，OOL 大于单眼区的 1/3；有 1 条明显垂直的沟径过单眼区伸至后头。颜面均匀拱隆，光滑但中部具细褶，有细而分散的长毛，刚可看出带毛刻点；唇基凹深，略带细微刻点，卵圆形；下颚须不完整。复眼侧观圆，高仅稍大于宽。中胸侧观长为高的 1.4 倍；中胸侧板部分区域光滑，基节前沟存在，较宽，前延伸至侧板前缘，后延伸至中足基节，明显齿状；盾纵沟存在，延伸至与中陷汇合，前 1/2 齿状，后 1/2 光滑且深，中陷存在，细长延伸至中胸背板中部；小盾片前沟较宽；并胸腹节中部褶皱，具中纵脊和齿状突起，其余部分光滑。足细，后足腿节长为宽的 6 倍；后足跗节与后足胫节等长。翅痣狭，楔形；3-SR 脉长为 2-SR 脉的 2 倍；SR_1 脉几乎直，伸达翅痣，r：3-SR：SR_1 = 1：4：11，r 脉从翅痣中部靠前端发出。腹部第 1 背板长为端宽的 1.15 倍，拱隆；中部具不规则纵刻条，其余光滑；背脊后方不汇合；产卵管鞘几乎与后足胫节等长。体黑色，触角基部 4 节黄色，其余部分为暗褐色；腹部除第 1 背板外为暗褐色；上颚黄褐色，但端部黑褐色；足黄褐色；翅透明，翅脉和翅痣褐色。

观察标本：1♀，内蒙古大兴安岭汗马国家级自然保护区，200m 溪流栈道，马氏网第 4 瓶，海拔 835m，2016.VIII.12，申荣荣。

分布：内蒙古；俄罗斯，德国，匈牙利。

图 6-3 薄角反颚茧蜂 *Aphaereta tenuicornis* Nixon, 1939

50. 巨穴反颚茧蜂属 *Aspilota* Förster, 1862

特征：头近方形；上颚较小，有时第 3 齿外缘具被毛；触角第 1 鞭节长于第 2 鞭节；幕骨陷大，通常延伸至复眼腹方边缘；颚眼距通常存在；唇基椭圆形，通常中至大型；中胸侧板基节前沟不完整，有时甚短；盾纵沟短，通常仅前端存在；小盾片无后伸刺；中胸背板具中脊，但不呈齿状突起；并胸腹节气门有时甚大；翅脉完整，翅痣狭长，通常与痣后脉愈合，3-SR 脉明显长于 2-SR 脉，m-cu 脉明显后叉；第 1 腹柄后腹背板光滑；产卵管鞘具毛。

分布：古北区、东洋区、新北区、新热带区、澳新区分布。世界已知 251 种，中国记录 7 种，汗马保护区分布 2 种。

分种检索表

1. 中胸侧板基节前沟短，仅存在于中部；并胸腹节稍褶皱，前半部具中纵脊，到中部分叉，下半部小五角室明显，其余部分光滑；产卵管鞘长为后足胫节的 0.6 ………………………………………………………………… 棕角反颚茧蜂 *Aspilota fuscicornis*

- 口胸侧板基节前沟长，前延伸至中胸侧板前缘，后方延伸至中足基节；并胸腹节表面全部具网状褶皱；产卵管鞘与后足胫节等长 ……………………………………………………………………………………………………短室反颚茧蜂 *Aspilota venatrix*

（80）棕角反颚茧蜂 *Aspilota fuscicornis* (Haliday, 1838)（图 6-4） 中国新记录种

特征：雌虫体长 2.2 mm，前翅长 2.2 mm。

头横型，背观宽为长的 1.6 倍；触角 16 节。触角第 2 鞭节长为第 1 鞭节长的 0.7；复眼不突出；背面观复眼长为颊长的 0.9；复眼后方两颊略隆起；额和头顶光滑无毛；上颚第 1 齿钝圆，略小，第 2 齿尖，明显长于其余两齿，第 3 齿钝圆，中等大小；单眼区等边三角形排列；无垂直的沟经过单眼区。颜面光滑，均匀拱隆，有细而分散的长毛；唇基略带细微刻点，卵圆形，中等大小；下颚须完整，超过头部，可达到中足基节。复眼侧观圆，高大于宽。中胸侧观长为高的 1.3 倍；中胸侧板大部分区域光滑，基节前沟短且为细齿状；中胸盾片光滑，盾纵沟仅最前端存在，中陷不存在；小盾片前沟较窄；并胸腹节稍褶皱，前半部具中纵脊，到中部分叉，下半部小五角室明显，其余部分光滑。足较为纤细，后足腿节长为宽的 5 倍；后足跗节略等于后足胫节。翅痣狭长；3-SR 脉长为 2-SR 脉的 2.5 倍；SR_1 脉几乎直，伸达翅痣，r∶3-SR∶SR_1 = 1∶4∶9，r 脉从翅痣前端发出。腹部第 1 背板长为端宽的 2.1 倍，稍拱隆；具纵刻条；背脊后方汇合；产卵管鞘长为后足胫节长的 0.6。体黑色，触角（基部两节为黄褐色）暗褐色，足黄褐色，后足胫节端部为暗褐色；翅透明，翅脉和翅痣褐色。

图 6-4　棕角反颚茧蜂 *Aspilota fuscicornis* (Haliday, 1838)

观察标本： 1♀，内蒙古大兴安岭汗马国家级自然保护区，200m 溪流栈道，马氏网第 4 瓶，海拔 835m，2016.VIII.12，申荣荣。

分布： 内蒙古；俄罗斯，蒙古国，韩国，西班牙，德国。

（81）短室反颚茧蜂 *Aspilota venatrix* Belokobylskij, 2007（图 6-5） 中国新记录种

特征： 雌虫体长 1.8mm，前翅长 2.0mm。

头横型，背观宽为长的 1.5 倍；触角 16 节。触角第 2 鞭节长为第 1 鞭节长的 0.8；复眼不突出；背面观复眼长为颊长的 0.9；复眼后方两颊隆起，明显超过复眼；额和头顶光滑无毛；上颚第 1 齿稍突出，略小，第 2 齿尖，明显长于其余两齿，第 3 齿中等大小，略突；单眼区等边三角形排列；无垂直的沟经过单眼区。颜面光滑，均匀拱隆，有细而分散的长毛，偶见细刻点；唇基略带细微刻点，卵圆形，中等大小；下颚须完整，超过头部，可达到中足基节。复眼侧观圆，高大于宽。中胸侧观长为高的 1.3 倍；中胸侧板大部分区域光滑，基节前沟长，细齿状，前延伸至中胸侧板前缘，后方延伸至中足基节；中胸盾片光滑，盾纵沟仅前端存在，不伸至中部，中陷不存在；小盾片前沟较窄；并胸腹节表面全部具网状褶皱。足较为纤细，后足腿节长为宽的 4.4 倍；后足跗节略等于后足胫节。翅痣狭长，楔状；3-SR 脉长为 2-SR 脉的 1.7 倍；SR_1 脉几乎直，伸达翅痣，r∶3-SR∶SR_1 = 5∶18∶45，r 脉从翅痣前端发出。腹部第 1 背板长为端宽的 1.5 倍，稍拱隆；具纵刻条；背脊后方汇合；产卵管鞘等长于后足胫节。体暗褐色，触角（基部 3 节为黄褐色）暗褐色，腹部（腹部第 1 背板褐黄色）褐色，足黄褐色；翅透明，翅脉和翅痣褐色。

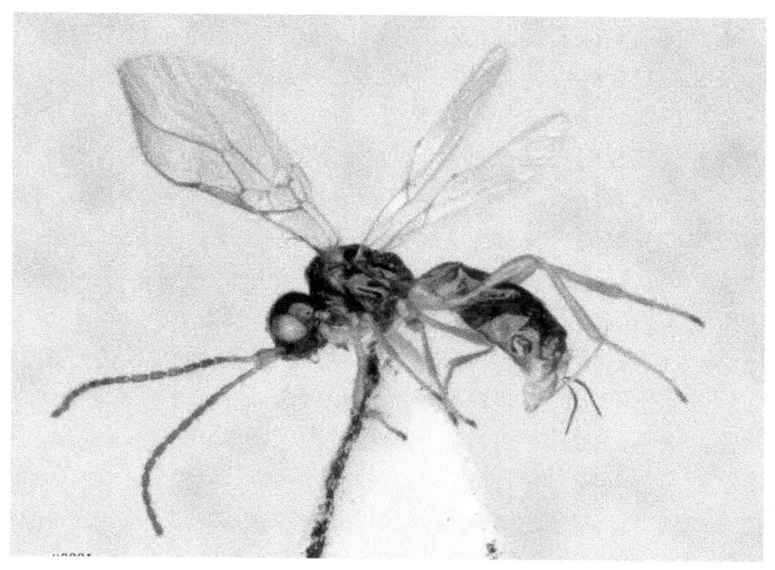

图 6-5 短室反颚茧蜂 *Aspilota venatrix* Belokobylskij, 2007

观察标本：1♀，内蒙古大兴安岭汗马国家级自然保护区，200m 溪流栈道，马氏网第 4 瓶，海拔 835m，2016.VIII.12，申荣荣。

分布：内蒙古；俄罗斯。

51. 劲椎反颚茧蜂属 *Cratospila* Förster, 1862

特征：头近似方形。上颚近似长方形，第 2 齿小且尖，第 3 齿下方边缘具 1 较宽的薄片；触角纤长，通常长于体长，第 1 鞭节长为第 2 鞭节的 1.5～1.7 倍，第 1 鞭节长为宽的 6～7 倍；唇基近似钟形；中胸侧板基节前沟呈齿状，通常完整，前延伸至中胸侧板前缘，后方延伸至中足基节；盾纵沟通常延伸至中胸背板中部，有时完整；中陷变化大；中胸背板具中脊，但不呈齿状突起；翅脉通常宽椭圆形，前翅 Cu_{1a} 脉近似与 2-Cu_1 脉处于水平，1m-cu 脉对叉或前叉；cu-a 脉后叉；后翅 M+Cu 脉短于 1-M 脉；腹部第 1 背板通常长，为端部的 1.4～2.4 倍，剩余腹部背板光滑；产卵管鞘通常具长毛。

分布：古北区、东洋区、新北区、澳新区分布。世界已知 14 种，中国记录 1 种，汗马保护区分布 1 种。

（82）环节反颚茧蜂 *Cratospila circe* (Haliday, 1838)（图 6-6）

特征：雌虫体长 2.5mm，前翅长 2.6mm。

头横型，背观宽为长的 1.7 倍；触角 27 节。触角第 1 鞭节长为第 2 鞭节的 1.8 倍；复眼稍突出；颊很短，背面观复眼为颊长的 2.3 倍；复眼后方两颊平行；额和头顶光滑无毛；上颚第 1 齿中等大小，第 2 齿尖，突出，第 3 齿中等大小，单眼区等边三角形排列；无垂直的沟经过单眼区。颜面光滑，均匀拱隆，有细而分散的长毛，偶见细刻点；唇基光滑略带细微刻点，钟形，中等大小；下颚须完整，超过头部，可达到中足基节。复眼侧观圆，高大于宽。中胸侧观长为高的 1.5 倍；中胸侧板大部分区域光滑，基节前沟长且为齿状，前延伸至中胸侧板前缘，后延伸至中足基节；中胸盾片光滑，盾纵沟完整，具细齿状且伸至中陷，中陷椭圆形；小盾片前沟较窄；并胸腹节具强烈网状褶皱和一些横脊，其余部分光滑。后足腿节长为宽的 4.5 倍；后足跗节略等于后足胫节。翅痣椭圆形；3-SR 脉长为 2-SR 脉的 0.7；SR_1 脉几乎直，伸达翅痣，r∶3-SR∶SR_1＝5∶10∶46，r 脉从翅痣中部靠后端发出，m-cu 脉强烈前叉。腹部第 1 背板长为端部的 2.3 倍，稍拱隆，具纵刻条；背脊后方几乎汇合；产卵管鞘长为后足胫节长的 0.4。体暗褐色，触角（基部 3 节为黄色）褐色，头后方褐色，脸部褐黄色，唇基黄褐色，足和上颚亮黄色，腹部（第 1 腹板黑色）褐黄色；翅透明，翅脉和翅痣褐色。

观察标本：5♀♀，内蒙古大兴安岭汗马国家级自然保护区，200m 溪流栈道，马氏网第 4 瓶，海拔 835m，2016.VIII.12，申荣荣。

分布：内蒙古、湖北；韩国，蒙古国，德国，法国，俄罗斯。

图 6-6　环节反颚茧蜂 *Cratospila circe* (Haliday,1838)

52. 线痣反颚茧蜂属 *Dinotrema* Förster, 1862

特征：触角第 1 鞭节长于第 2 鞭节；幕骨陷大且深，不延伸至复眼腹缘；复眼至上颚基部存在 1 条斜向的沟；颚眼距明显；上颚没有横向的脊和薄片；中胸侧板基节前沟存在，通常较短；盾纵沟通常较短，仅前端存在；后胸背板背脊微突；并胸腹节变化大，从全部网状脊到完全光滑；翅痣线状，前翅 Cu_{1b} 脉短于 3-Cu_1 脉，3-SR 脉长于 2-SR 脉，前翅 m-cu 脉通常后叉；后翅 M+Cu 脉长于 1-M 脉；腹部第 1 背板背凹明显，深且较大，剩余背板光滑；产卵管鞘变化大。

分布：古北区、东洋区、新北区、澳新区分布。世界已知 328 种，中国记录 15 种，汗马保护区分布 2 种。

分种检索表

1. 中陷不存在；颊很短，背面观复眼为颊长的 2.5 倍；并胸腹节表面光滑，不具任何褶皱和脊；后足腿节细，长为宽的 5.0 倍 .... 缺孔反颚茧蜂 *Dinotrema tauricum*

\- 中陷存在，水滴状；背面观复眼为颊长的 1.4 倍；并胸腹节表面具明显网状褶皱；后足腿节粗壮，长为宽的 3.8 倍 .... 存脉反颚茧蜂 *Dinotrema nervosum*

（83）缺孔反颚茧蜂 *Dinotrema tauricum* (Telenga, 1935)（图 6-7）

特征：雌虫体长 1.8mm，前翅长 2.1mm。

头横型，背观宽为长的 1.9 倍；触角 19 节。触角第 1 鞭节长为第 2 鞭节的 1.3 倍；复眼略突出；颊很短，背面观复眼为颊长的 2.5 倍；两颊在复眼后方收窄；额和头顶光滑无毛；上颚短，端部略扩大，第 1 齿略钝，中等大小，第 2 齿尖，突出，第 3 齿略尖；单眼区等边三角形排列；无垂直的沟经过单眼区。颜面光滑，均匀拱隆，有细而分散的长毛，偶见细刻点；唇基光滑略带细微刻点，卵圆形，中等大小；下颚须完整，约与头部等长。复眼侧观圆且大，高略长于宽。中胸侧观长为高的 1.2 倍；中胸侧板大部分区域光滑，基节前沟短且为齿状，只于侧板中部存在；中胸盾片光滑，盾纵沟仅最前端存在，中陷不存在；小盾片前沟较宽；并胸腹节表面光滑，不具任何褶皱和脊。后足腿节细，长为宽的 5.0 倍；后足跗节略等于后足胫节。翅痣线状；SR_1 脉几乎直，伸达翅痣，3-SR 脉长为 2-SR 脉的 1.5 倍，r：3-SR：SR_1=1：5：12，r 脉从翅痣中部靠前端发出，m-cu 脉明显后叉。腹部第 1 背板长为端部的 1.3 倍，前半部稍凹陷，后半部稍拱隆，具纵刻条；背脊后方不汇合；产卵管鞘长，超过腹部，约为后足胫节长的 1.4 倍。体暗褐色，前胸和上颚褐黄色，足黄褐色，腹部（第 1 腹板黄褐色）褐色；翅透明，翅脉和翅痣褐色。

观察标本：1♀，内蒙古大兴安岭汗马国家级自然保护区，五支二岔一灌丛，马氏网第 4 瓶，海拔 967m，2016.VIII.16，申荣荣。

分布：内蒙古、吉林；韩国，俄罗斯。

图 6-7　缺孔反颚茧蜂 *Dinotrema tauricum* (Telenga, 1935)

(84) 存脉反颚茧蜂 *Dinotrema nervosum* (Haliday, 1833)(图 6-8) 中国新记录种

特征：雌虫体长 2.0mm，前翅长 2.3mm。

头横型，背观宽为长的 1.8 倍；触角 20 节。触角较短粗，触角第 1 鞭节长为第 2 鞭节的 1.6 倍，触角中间部分长为宽的 1.3～1.4 倍；复眼略突出；背面观复眼为颊长的 1.4 倍；两颊在复眼后方先平行，后收窄；额和头顶光滑无毛；上颚端部略扩大，第 1 齿略钝，第 2 齿尖，突出，第 3 齿钝；单眼区等边三角形排列；无垂直的沟经过单眼区。颜面光滑，均匀拱隆，有细而分散的长毛，可见细刻点；唇基光滑略带细微刻点，卵圆形，中等大小；下颚须完整，约与头部等长。复眼侧观长椭圆状，高长于宽。中胸侧观长为高的 1.4 倍；中胸侧板大部分区域光滑，基节前沟短且为齿状，只于侧板中部存在，前基节沟为齿状，中胸侧板后方具齿状褶皱；中胸盾片光滑，盾纵沟仅最前端存在，中陷存在，水滴状；小盾片前沟较宽；并胸腹节表面具明显网状褶皱。后足基节光滑，后足腿节粗壮，长为宽的 3.8 倍；后足跗节略等于后足胫节。翅痣线状；SR_1 脉几乎直，伸达翅痣，3-SR 脉长为 2-SR 脉的 1.8 倍，r∶3-SR∶SR_1=1∶3∶8，r 脉从翅痣中部靠前端发出，m-cu 脉明显后叉。腹部第 1 背板端部宽，长为端部的 1.7 倍，稍拱隆，具纵刻条；背脊后方不汇合；产卵鞘管短，约为后足胫节长的 0.6。体暗褐色，足和上颚褐黄色；翅透明，翅脉和翅痣褐色。

观察标本：1♀，内蒙古大兴安岭汗马国家级自然保护区，吉娜米基马河—灌丛，马氏网第 4 瓶，海拔 932m，2016.VIII.19，申荣荣。

分布：内蒙古；蒙古国，韩国，德国，法国，俄罗斯。

图 6-8　存脉反颚茧蜂 *Dinotrema nervosum* (Haliday, 1833)

53. 宽齿反颚茧蜂属 *Orthostigma* Ratzeburg, 1844

特征：上颚具明显横脊；第 1 齿通常较小，有时甚至明显退化，第 3 齿沿上颚下缘强烈外凸，甚宽大，呈勺状；触角第 1 鞭节长于第 2 鞭节；幕骨陷大，通常延伸至复眼腹方边缘；颚眼距通常消失，但也有存在的情况；唇基椭圆形，通常中等大小，但有时甚大；中胸侧板基节前沟明显或微弱；盾纵沟短，通常仅前端存在；翅脉完整，翅痣狭长呈线状，3-SR 脉明显长于 2-SR 脉，m-cu 脉明显后叉；第 1 腹柄后腹背板光滑；产卵管鞘具毛。

分布：古北区、东洋区、新北区、新热带区、澳新区分布。世界已知 62 种，中国记录 13 种，汗马保护区分布 1 种。

（85）细小反颚茧蜂 *Orthostigma pusillum* (Zetterstedt, 1838)（图 6-9）

特征：雌虫体长 2.2mm，前翅长 2.7mm。

头横型，背观宽为长的 1.7 倍；触角 24 节。触角第 2 鞭节长为第 1 鞭节的 0.7；复眼不突出；背面观复眼长为颊长的 1.1 倍；复眼后方两颊稍隆起，略突出于复眼两侧；额和头顶光滑无毛；上颚第 1 齿小且见，第 2 齿尖，突出，第 3 齿钝圆；单眼区等边三角形排列；无垂直的沟经过单眼区。颜面光滑，均匀拱隆，有细而分散的长毛，偶见细刻点；唇基光滑，略带细微刻点，卵圆形，中等大小；下颚须完整，超过头部，可达中足基节。复眼侧观圆，高大于宽。中胸侧观长为高的 1.4 倍；中胸侧板大部分区域光滑，基节前沟短且为齿状，仅在中部 1 小段存在；中胸盾片光滑，盾纵沟仅前端存在，具齿，不伸至中部，中陷不存在；小盾片前沟较窄；并胸腹节前半部具 1 纵脊且光滑，后半部具网状褶皱和一些横脊。足较为粗壮，后足腿节长为宽的 3.7 倍；后足跗节略等于后足胫节。翅痣略呈屋脊状；3-SR 脉长为 2-SR 脉的 2 倍；SR_1 脉几乎直，伸达翅痣，r∶3-SR∶SR_1 = 5∶18∶45，r 脉从翅痣前端发出。腹部第 1 背板稍拱隆；具纵刻条；背脊后方几乎汇合；产卵管鞘长为后足胫节的 0.5。体黑色，触角（基部 2 节黄褐色）暗褐色，腹部暗褐色，足黄褐色（后足胫节端部黑色）；翅透明，翅脉和翅痣褐色。

观察标本：2♀♀，内蒙古大兴安岭汗马国家级自然保护区，200m 溪流栈道，马氏网第 4 瓶，海拔 835m，2016.VIII.12，申荣荣；1♀，内蒙古大兴安岭汗马国家级自然保护区，200m 溪流栈道开阔处，马氏网第 2 瓶，海拔 850m，2016.VII.7，申荣荣。

分布：内蒙古、吉林、湖北、福建；韩国，俄罗斯。

图 6-9 细小反颚茧蜂 *Orthostigma pusillum* (Zetterstedt, 1838)

54. 光鞘反颚茧蜂属 *Phaenocarpa* Förster, 1862

特征：头通常横型，少数为方形，光滑具光泽；颜面和唇基通常被稀疏毛；触角第 1 节比触角第 2 节短；上颚通常中等大小；端部稍加宽或与基部等宽；盾纵沟存在或消失；并胸腹节通常具皱纹；中陷存在，椭圆形至长线状；中胸侧板存在；翅脉完整；翅痣通常呈三角形；r 脉通常着生于翅痣中部后方；前翅 3-SR 脉短于 2-SR 脉，m-cu 脉前叉、对叉或后叉；腹部第 1 背板通常具纵脊，剩余背板光滑。

分布：古北区、东洋区、新北区、澳新区分布。世界已知 228 种，中国记录 18 种，汗马保护区分布 1 种。

（86）棕足反颚茧蜂 *Phaenocarpa micula* Belokobylskij, 1998（图 6-10） 中国新记录种

特征：雌虫体长 2.4 mm，前翅长 3.2 mm。

头横型，背观宽为长的 2 倍，为胸部的 1.3 倍；触角 30 节。触角第 2 鞭节为第 1 鞭节长的 1.1 倍；复眼稍突出；背面观复眼长为颊长的 1.2 倍；复眼后方两颊明显隆起，超过复眼两缘；额和头顶光滑无毛；上颚第 1 齿和第 2 齿相连，中等大小，第 3 齿略钝，中等大小；单眼区仅稍凸，等边三角形排列；有 1 条明显垂直的沟经过单眼区伸至后头。颜面均匀拱隆，有细而分散的长毛，刚可看出带毛刻点；唇基凹深，略带细微刻点，卵圆形；下颚须完整，超过头部。复眼侧观圆，高仅稍大于宽。中胸侧观长为高的 1.4 倍；中胸侧板部分区域光滑，基节前沟存在且为齿状，前延伸至侧板前缘，后延伸至中足基节；盾纵沟存在，深且呈稀疏细齿状，近似延伸至与中陷汇合，中陷存在且深，长椭圆形；小盾片前沟宽；并胸腹节中部褶皱，具中纵脊和强烈齿状突起，其余部分光滑。足较为粗壮，后足腿节长为宽的 4.2 倍；后足跗节略短于后足胫节。翅痣长椭圆形；r 脉极短，3-SR 脉长为 2-SR 脉的 1.2 倍；SR_1 脉几乎直，伸达翅痣，r∶3-SR∶SR_1 = 1∶13∶30，r 脉从翅痣中部略靠后发出。腹部第 1 背板端部宽，长为端宽的 0.9，拱隆；中部具纵刻条；背脊后方不汇合；产卵管鞘长为后足胫节的 0.8。体黑色，足暗褐色；翅透明，翅脉和翅痣褐色。

观察标本：1♀，内蒙古大兴安岭汗马国家级自然保护区，200m 溪流栈道开阔处，马氏网第 2 瓶，海拔 850m，2016.VII.7，申荣荣。

分布：内蒙古；俄罗斯。

图 6-10　棕足反颚茧蜂 *Phaenocarpa micula* Belokobylskij, 1998

55. 隐脉反颚茧蜂属 *Synaldis* Förster, 1862

特征：触角第 1 鞭节长于第 2 鞭节；幕骨陷大且深，不延伸至复眼腹缘；复眼至上颚基部存在 1 条斜向的沟；颚眼距明显；上颚没有横向的脊和薄片；中胸侧板基节前沟存在，通常较短；盾纵沟通常较短，仅前端存在；后胸背板背脊微突；并胸腹节变化大，从全部网状脊到完全光滑；翅痣线状，前翅 Cu_{1b} 脉短于 3-Cu_1

脉，前翅 2-SR 脉消失，导致第 1 亚缘室消失，前翅 m-cu 脉通常后叉；后翅 M+Cu 脉长于 1-M 脉；腹部第 1 背板背凹明显，深且较大，剩余背板光滑；产卵管鞘变化大。

分布：古北区、东洋区、新北区、新热带区、澳新区分布。世界已知 85 种，中国记录 4 种，汗马保护区分布 1 种。

（87）退脉反颚茧蜂 *Synaldis reducta* (Tobias, 1962)（图 6-11） 中国新记录种

特征：雌虫体长 1.6mm，前翅长 1.9mm。

头横型，背观宽为长的 1.7 倍；触角 19 节。触角较短粗，第 1 鞭节长为第 2 鞭节的 0.9，从第 2 鞭节开始呈锥状加宽；复眼不突出；背面观复眼为颊长的 1.1 倍；复眼后方两颊稍突出，后又收窄，后头脊处具两个突起；额和头顶光滑无毛；上颚端部明显扩大，3 齿均尖且突出；单眼区等边三角形排列；无垂直的沟经过单眼区。颜面光滑，均匀拱隆，有细而分散的长毛，偶见细刻点；唇基光滑略带细微刻点，卵圆形，中等大小；下颚须完整，不超过头部。复眼侧观圆，高近似等于宽。中胸侧观长为高的 1.3 倍；中胸侧板大部分区域光滑，基节前沟短且为齿状，只于侧板中部存在；中胸盾片光滑，盾纵沟仅最前端存在，中陷存在；小盾片前沟较宽；并胸腹节大面积光滑，仅具 1 中纵脊。后足腿节粗，长为宽的 3.8 倍；后足跗节略等于后足胫节。翅痣线状；SR_1 脉几乎直，伸达翅痣，SR_1 为 r+3-SR 脉的 1.8 倍，r 脉从翅痣中部靠前端发出。腹部第 1 背板长为端部的 2.0 倍，稍拱隆，具纵刻条；背脊后方几乎汇合；产卵管鞘长为后足胫节长的 0.7。体暗褐色，足和上颚褐黄色，腹部（第 1 腹板褐黄色）褐色；翅透明，翅脉和翅痣褐色。

图 6-11　退脉反颚茧蜂 *Synaldis reducta* (Tobias, 1962)

观察标本：1♀，内蒙古大兴安岭汗马国家级汗马保护区，牛耳湖—灌丛，马氏网第 4 瓶，海拔 870m，2016.VIII.15，申荣荣。

分布：内蒙古；韩国，匈牙利，俄罗斯。

小腹茧蜂亚科 Microgasterinae

特征：触角 18 节，鞭节各节由两个亚节组成。头横宽，无后头脊。上唇端缘平直或微凹，唇基宽大。下颚须 5 节，下唇须 3～4 节。通常无胸腹侧脊。小盾片前沟发达，内具刻条或小脊。小盾片后方中央无凹陷，光滑或具皱纹。前翅基下陷光滑。前翅 SR_1 脉部分不骨化，缘室端部开放；r 脉中等，短或缺；小翅室封闭，或者端部开放；2-SR 脉存在，且与 r 脉相连；3-SR 脉短于 r 脉。后翅 2r-m 脉通常存在。腹部第 1～6 节具气门，第 1 对气门位于膜质的侧板上，第 7 节无气门。

分布：世界已知 6 族 63 属 2275 种，中国记录 5 族 20 余属，汗马保护区分布 7 属 13 种。

分属检索表

1. 产卵管鞘通常长于后足胫节的一半，整长具毛..2
- 产卵管鞘通常十分短，很少伸出肛下板，产卵管鞘上少量肛毛聚集于端部....4
2. 并胸腹节具部分或完整中区，无长中纵脊（除新热带区的 *Promicrogaster* 属种类），前翅第 2 亚缘室大部分开放..3
- 并胸腹节具长中纵脊，无中区，前翅第 2 亚缘室闭合.. ....小腹茧蜂属 *Microgaster*
3. 并胸腹节后侧区（若明显）通常横行；T_1 两侧亚平行至平行或末端加宽；翅臀瓣最宽处外方突起且均匀具毛................................长颊茧蜂属 *Dolichogenidea*
- 并胸腹节后侧区（若明显）通常矩形或高大于宽；T_1 两侧通常向末端多少收窄；后翅臀瓣最宽处外方凹至近直（极少数略突起）且无毛（极少数具稀毛）...... ....绒茧蜂属 *Apanteles*
4. 后足基节长为中足基节长的 1/2，前翅第 2 亚缘室闭合.. ....侧沟茧蜂属 *Microplitis*
- 后足基节长为中足基节长的 2 倍以上，前翅第 2 亚缘室开放..5
5. T_1 具 1 覆盖基半部或更长范围的中纵沟，其横截面近 V 形；产卵管鞘通具 1～4 根末端变阔而平截的粗刚毛；偶尔（5%）小翅室开放（r-m 脉通常存在）...... ....沟腹茧蜂属 *Diolcogaster*
- 通常 T_1 基半部横截面阔 U 形；产卵管鞘绝无末端变阔而平截的粗刚毛；小翅室（95%）开放（r-m 脉通常缺）..6
6. 并胸腹节通常光滑，无脊，偶尔具中纵脊；若并胸腹节具粗皱及密集刻点，则前翅具封闭的小翅室；产卵管鞘毛通常正常，但有时较腹部毛细，有时甚至在50倍显微镜下几乎或完全不可见..................................原绒茧蜂属 *Protapanteles*

- 并胸腹节一般具皱，通常具1中脊且具1自气门附近向中线延伸的短横脊；小翅室绝不封闭（r-m 脉通常缺）；产卵管鞘毛正常，与腹部末节具同样粗细的毛...盘绒茧蜂属 *Cotesia*

56. 小腹茧蜂属 *Microgaster* Latreille, 1806

特征：体小型，唇基微凹或直；复眼大，具均匀且密的刚毛；下唇须4节；触角上线性感觉器至多排列成规则的两排；盾纵沟通常不明显，仅具凹痕，少数盾纵沟明显具粗糙皱纹；前翅 r-m 脉存在，小翅室闭合，略大，通常呈三角形，且 1-Cu_1 脉通常与 2-Cu_1 脉等长，及少数长于或等于 2-Cu_1 脉，后翅 2r-m 脉存在；并胸腹节水平部分与垂直部分约等长，常全表面强皱，具1个多少清晰的中脊；腹部第1背板向端部渐宽，几乎占整个背面，其表面大部分粗皱；腹部第2条线至多中等程度深，腹部第2背板占整个背板宽，矩形，无限定中区，表面皱（仅个别光滑）；腹部第3背板略皱，长于第2背板或与其等长；端跗节正常不膨大；产卵管鞘总长（97%）约为后足胫节长之半且整长具毛（除去基部非骨化部分），即使产卵管鞘短于后足胫节也从负瓣片末端伸出且均匀具毛。肛下板通常大且（95%）中间具不骨化的折叠纵线。

生物学：主要为单寄生，寄主为小蛾类。

分布：世界性分布。世界已知178种，中国记录33种，汗马保护区分布3种。

分种检索表

1. 中胸盾片具精细的刻纹，触角端前节长等于宽，腹部第2背板长于第3背板..小腹茧蜂 *Microgaster* sp2

- 中胸盾片至多前半部有密集刻点，触角端前节至少1.5倍长于宽，腹部第2背板等长于第3背板..2

2. 肛下板中间弱骨化，端部紧紧折叠，肛下板通常很短，远离腹部末端...天目山小腹茧蜂 *Microgaster tianmushana*

- 肛下板强骨化，中部无折叠或褶，肛下板至少达腹末..小腹茧蜂 *Microgaster* sp1

（88）小腹茧蜂 *Microgaster* sp1（图 6-12） 中国新记录种

特征：雌蜂体长3.0 mm，前翅长2.9 mm。头部背观横行，宽为长的1.5倍。复眼和后单眼间的头顶部分表面光亮，颜面高为宽的0.86，少光泽，表面具横或斜的皱纹，复眼内缘平行。单眼小，呈低三角形排列，POL∶OD∶OOL=5.0∶2.0∶4.0。触角稍短于体长，端前节长约等于宽。胸部长∶宽∶高=50.0∶30.0∶32.0。

中胸盾片大部分光滑，仅前部 1/3 具刻点和刻纹，中胸侧板后部 2/3 光滑，翅基片黑色，盾片前沟十分窄，小盾片光滑。并胸腹节具 1 明显的中纵脊。后足基节光滑，后足腿节为产卵管鞘的 1.44 倍、后足胫节的 0.83，胫节内矩明显长于外矩，爪有 1 明显刺。前翅 0.87 于体长，长为其最大宽度的 2.75 倍，翅半透明，翅痣等长于 1-R_1 脉，r 脉等长于翅痣，第 1 盘室高等于宽；r 脉 2 倍长于 m-cu 脉。前翅 r-m 脉存在。腹部长约等于胸部长。T_1 向末端加宽，长为端宽的 1.47 倍，基部 1/2 凹，具强皱。T_2 少光泽，表面粗糙具弱皱，横行，宽为中间长度的 2.8 倍。T_3 为 T_2 长的 0.78。T_2 之后的背板光亮平滑且多毛。肛下板强骨化，中部无折叠或褶，肛下板至少达腹末。体黑色。上唇和上颚黄褐色。下颚须和下唇须稍红黄色。触角黑色。产卵管鞘深褐色。前足、中足、后足（除前、中足跗节稍褐色）转足、腿节基部黑色，腿节至胫节黄色，其余部分暗褐色。胫节距黄色。翅透明，稍褐色，翅基片黑色，翅痣和翅脉暗褐色。

雄蜂未知。

观察标本： 2♀♀，内蒙古大兴安岭汗马国家级自然保护区，五支二岔一森林，马氏网第 5 瓶，2016.IX.27，申荣荣。

分布： 内蒙古；保加利亚，捷克，加拿大，美国，蒙古国，芬兰，德国，匈牙利，爱尔兰，意大利，立陶宛，摩尔多瓦，荷兰，波兰，罗马尼亚，俄罗斯，瑞典，乌兹别克斯坦，英国。

图 6-12　小腹茧蜂 *Microgaster* sp1

（89）小腹茧蜂 *Microgaster* sp2（图 6-13）　新种

特征： 雌蜂体长 3.1 mm，前翅长 3.0 mm。头部背观横行，宽为长的 1.75 倍。复眼和后单眼间的头顶部分表面光亮，颜面高为宽的 0.72，少光泽，表面具横或斜的皱纹，复眼内缘平行。单眼小，呈低三角形排列，POL：OD：OOL=5.0：2.0：5.0。触角稍短于体长，端前节 1.5 倍长于宽。胸部长：宽：高=55.0：32.0：35.0。中胸盾片大部分粗糙，前部具刻纹，中胸侧板后部 2/3 光滑，翅基片黑色，盾片前沟十分窄，小盾片光滑。并胸腹节具 1 明显的中纵脊。后足基节光滑，后足腿节为产卵管鞘的 1.48 倍、后足胫节的 0.93，胫节内矩稍长于外矩，爪有 1 明显刺。前翅为 0.97 的体长，长为其最大宽度的 3.16 倍，翅半透明，翅痣 0.9 长于 1-R_1 脉，r 脉等长于翅痣，第 1 盘室高 1.1 倍长于宽；r 脉 2 倍长于 m-cu 脉。前翅 r-m 脉存在。腹部长约等于胸部。T_1 向末端加宽，长为端宽的 1.52 倍，基部 1/2 凹，具强皱。T_2 少光泽，表面粗糙具弱皱，横行，宽为中间长度的 3 倍。T_3 长为 T_2 长的 0.8。T_2 之后的背板光亮平滑且多毛。肛下板强骨化，中部无折叠或褶，肛下板至少达腹末；体色黑色，足基节至转节黑色，仅足腿节至胫节黄色，腿节末端黑色，胫节距暗褐色，跗节暗褐色。上唇和上颚黄褐色。下颚须和下唇须稍红黄色。触角黑色。产卵管鞘深褐色。翅透明，稍褐色，翅基片黑色，翅痣及翅脉暗褐色。

雄蜂未知。

观察标本：1♀，内蒙古大兴安岭汗马国家级自然保护区，200m 溪流栈道，马氏网第 2 瓶，2016.VII.07，申荣荣。

分布：内蒙古。

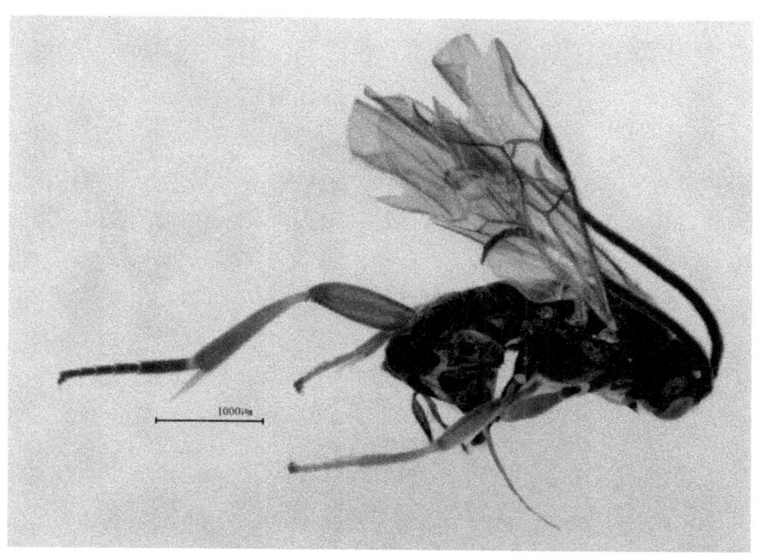

图 6-13 小腹茧蜂 *Microgaster* sp2

（90）天目山小腹茧蜂 *Microgaster tianmushana* Xu, He & Chen, 2001（图 6-14）

特征：雌蜂体长 3.5mm，前翅长 3.2mm。头部背观横行，宽为长的 1.75 倍。复眼和后单眼间的头顶部分表面光亮，颜面高为宽的 0.70，少光泽，表面具横或斜的皱纹，复眼内缘平行。单眼小，呈低三角形排列，POL：OD：OOL=5.0：2.0：4.7。触角稍短于体长，端前节 1.3 倍长于宽。胸部长：宽：高=55.0：33.0：36.0。中胸盾片大部分粗糙，前部具刻纹，中胸侧板后部 2/3 光滑，翅基片黑色，盾片前沟十分窄，小盾片光滑。并胸腹节具 1 明显的中纵脊。后足基节光滑，后足腿节为产卵管鞘的 1.5 倍、后足胫节的 0.82，胫节内矩明显长于外矩，爪较长，爪有 1 明显刺。前翅为体长的 0.94，长为其最大宽度的 2.87 倍，翅半透明，翅痣 0.9 长于 1-R_1 脉，r 脉 0.78 长于翅痣，第 1 盘室高 1.1 倍长于宽；r 脉 1.75 倍长于 m-cu 脉。前翅 r-m 脉存在。腹部 1.44 倍长于胸部。T_1 向末端加宽，长为端宽的 1.52 倍，基部 1/2 凹，具强皱。T_2 少光泽，表面粗糙具弱皱，横行，宽为中间长度的 3.1 倍。T_3 与 T_2 等长。T_2 后的背板光亮平滑且多毛。肛下板弱骨化，中部折叠，肛下板远离腹末。体色黑色，足基节至转节黑色，仅腿节至胫节黄色，腿节末端黑色，胫节距暗褐色，跗节暗褐色。上唇和上颚黄褐色，下颚须和下唇须稍黄色。触角黑色。产卵管鞘深褐色。翅半透明，稍褐色，翅基片黑色，翅痣及翅脉暗褐色。

雄蜂未知。

观察标本：1♀，内蒙古大兴安岭汗马国家级自然保护区，五支二岔一森林，马氏网第 5 瓶，2016.X.30，申荣荣。

分布：内蒙古、浙江。

图 6-14　天目山小腹茧蜂 *Microgaster tianmushana* Xu, He & Chen, 2001

57. 长颊茧蜂属 *Dolichogenidea* Viereck, 1911

特征：肛下板中等至大，通常中间具一系列纵刻纹且具清晰褶；产卵管鞘通常长且整体具毛；产卵管直至稍弯；T_1 长通常大于宽且两侧近平行或桶形或向端部稍加宽，但绝不向末端强收窄，其上中后端通常具 1 纵凹。T_2 宽大于长；T_3 稍微至明显长于 T_2；并胸腹节具粗糙刻纹至光滑，绝无中纵脊痕迹，有中区或无，分脊有或无，若有分脊，则后侧区明显横行；后翅臀瓣最宽处外方均匀突起具微毛；中胸背板通常具均匀分布刻点，其末端极少具皱或纵刻条。

生物学：幼虫典型单性寄生且寄生鳞翅目小蛾类，但有时也聚寄生或寄生大蛾类，或者同时。

分布：世界性分布。世界已知 230 种，中国记录 44 种，汗马保护区分布 2 种。

分种检索表

1. 胸腹节具明显中区和分脊；翅痣大多黄褐色至褐色，偶尔具浅色基斑 ....长颊茧蜂 *Dolichogenidea* sp1
- 并胸腹节最多仅具中区痕迹，绝无分脊；翅痣大部分具浅色基斑 ....长颊茧蜂 *Dolichogenidea* sp2

（91）长颊茧蜂 *Dolichogenidea* sp1（图 6-15） 新种

特征：雌蜂体长 2.7mm，前翅长 3.0mm。头部背观横行，宽为长的 1.82 倍。复眼和后单眼间的头顶部分表面光亮，颜面高为宽的 0.76，脸光滑，有颗粒物，复眼内缘平行。单眼小，呈低三角形排列，POL：OD：OOL=5.0：2.0：4.5。触角稍短于体长。胸部长：宽：高=48.0：30.0：33.0。中胸盾片十分粗糙，前部具刻纹，中胸侧板前部 1/2 粗糙，翅基片黑色，盾片前沟十分窄，小盾片光滑。并胸腹节具 1 明显的中区。后足基节光滑，后足腿节与产卵管鞘等长。前翅长为体长的 1.11 倍，长为其最大宽度的 2.8 倍，翅半透明，翅痣 0.81 长于 $1\text{-}R_1$ 脉，r 脉等长于翅痣，第 1 盘室高等长于宽；r 脉等长于 m-cu 脉。前翅 r-m 脉缺失。腹部 1.22 倍长于胸部。T_1 向末端加宽，长等于宽，基部 1/2 凹，具强皱，后部 1/2 中间有 1 凹陷。T_2 少光泽，表面具有竖直的皱纹，宽为中间长度的 3.5 倍。T_3 长为 T_2 的 1.33 倍。T_2 之后的背板光亮平滑且多毛。肛下板弱骨化，膜状，明显长于腹末。体色黑色，足基节至腿节黑色，胫节至跗节黄色，胫节距暗褐色。上唇和上颚黄褐色，下颚须和下唇须稍黄色。触角黑色。产卵管鞘深褐色。翅半透明，稍褐色，翅基片黑色，翅痣及翅脉暗褐色。

雄蜂未知。

观察标本：1♀，内蒙古大兴安岭汗马国家级自然保护区，五支二岔一森林，马氏网第 1 瓶，海拔 969m，2016.V.17，No.201707004，申荣荣。

分布：内蒙古。

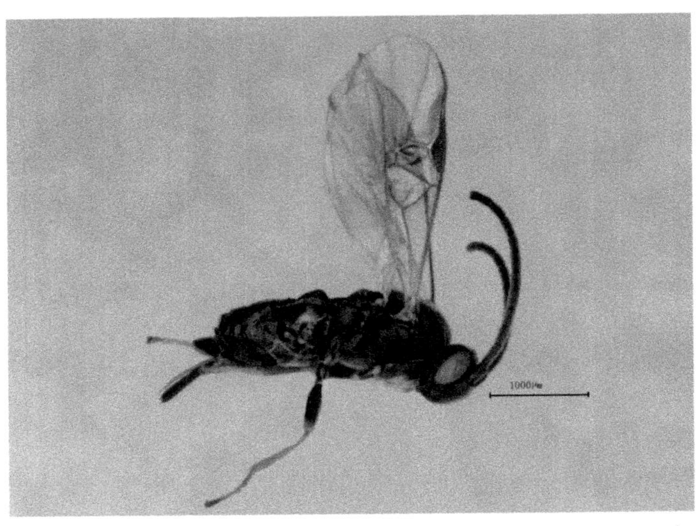

图 6-15　长颊茧蜂 *Dolichogenidea* sp1

（92）长颊茧蜂 *Dolichogenidea* sp2（图 6-16）　内蒙古新记录种

特征：雌蜂体长 2.6mm，前翅长 2.7mm。头部背观横行，宽为长的 1.8 倍。复眼和后单眼间的头顶部分表面光亮，颜面高为宽的 0.67，脸光滑，有颗粒物，复眼内缘亚平行。单眼小，呈低三角形排列，POL∶OD∶OOL=6.0∶2.0∶4.0。触角稍短于体长。胸部长∶宽∶高=45.0∶30.0∶25.0。中胸盾片光滑，但具均匀的小颗粒，中胸侧板光滑，翅基片黑色，盾片前沟十分窄，小盾片光滑。并胸腹节仅具 1 退化的中区痕迹，其余部分光滑。后足基节光滑，后足腿节为产卵管鞘长的 0.93，后足胫节的 0.88。前翅 1.03 倍于体长，长为其最大宽度的 3.2 倍，翅半透明，翅痣 0.8 长于 1-R_1 脉，r 脉是翅痣的 0.78，第 1 盘室高等长于宽；r 脉等长于 m-cu 脉。前翅 r-m 脉缺失。腹部 1.37 倍长于胸部。T_1 两侧平行，长为宽的 1.2 倍，基部 1/2 凹，整体光滑。T_2 光滑，宽为中间长度的 1.5 倍。T_3 长为 T_2 的 1.6 倍。T_2 之后的背板光亮平滑且多毛。肛下板弱骨化，膜状，明显长于腹末。体色黑色，足除胫节基部白色外黑色，胫节距暗褐色。上唇和上颚黄褐色，下颚须和下唇须稍黄色。触角黑色。产卵管鞘深褐色。翅基片透明，翅半透明，稍褐色，翅痣及翅脉暗褐色。

雄蜂未知。

观察标本：1♀，内蒙古大兴安岭汗马国家级自然保护区，五支二岔一森林，马氏网第 1 瓶，海拔 977m，2016.VII.17，No.201707009，申荣荣。

分布：内蒙古、吉林、浙江、安徽、河南、湖南。

图 6-16 长颊茧蜂 *Dolichogenidea* sp2

58. 绒茧蜂属 *Apanteles* Foerster, 1863

特征：肛下板大、尖形，通常中间具一系列纵刻纹且至少中间具清晰褶；产卵管鞘通常长且整体具毛；产卵管长、稍弯曲且渐渐收窄；短的肛下板无褶皱且具短的产卵管；T_1 长大于宽且两侧近平行或桶形至向端部强收窄，其中后端通常具 1 纵凹。T_2 宽大于长，边缘向端部微弱至强分散；T_3 稍微至明显长于 T_2；并胸腹节具粗糙刻纹至光滑，绝无中纵脊痕迹，代之以多少完整的中区（分脊通常消失，但中区至少可看到中部凹陷或端部 U 形区域）；后翅臀瓣最宽处外方凹且无毛至均匀突起具微毛。

生物学：大多数单寄生，少数聚寄生。多数寄生鳞翅目小蛾类，部分寄生大蛾类。

分布：世界性分布。世界已知 860 种，中国记录 57 种，汗马保护区分布 1 种。

（93）神绒茧蜂 *Apanteles dryas* Nixon, 1965（图 6-17） 内蒙古新记录种

特征：雌蜂体长 2.7mm，前翅长 2.9mm。头部背观横行，宽为长的 1.9 倍。复眼和后单眼间的头顶部分表面光亮，具小的清晰刻点。颜面高为宽的 0.75，少光泽，表面密布强刻点，近触角窝皱，复眼内缘平行。单眼小，呈高三角形排列，POL：OD：OOL=5.0：2.0：4.0。触角稍短于体长，端前节长约等于宽。胸部长：宽：高=50.0：26.0：32.0。中胸背板稍带光泽，具很密的强、深刻点，刻点间距短于刻点直径。小盾片前沟弯、宽，内具若干稀纵脊。小盾片稍光亮，具较强的粗刻点，末端窄，并胸腹节稍暗、长，中区及分级强，后足腿节细长，长为其最大宽度的 3.7 倍。后足基节少光泽，多毛，基部上面具稀浅刻点。后足胫节内外距等长，为后足基跗节长的 1/3。后足基跗节明显长于第 2～4 跗节，爪大小正常。

1-R_1 脉长约为翅痣长的 1.2 倍，且 3.1 倍长于其与缘室末端间距。2-SR+M 脉约等长于 2-M 脉，m-cu 脉约等于 r 脉。第 1 盘室宽为高的近 1.3 倍。后翅窄，1-M 脉不短于其末端与臀瓣末端的间距，臀瓣最宽处外方稍凸且无不规则长毛。腹部长约等于胸部。T_1 两侧近平行或稍向末端收窄，长为端宽的 1.7 倍，基部 1/4 凹，少光泽，具强皱，中槽明显、窄，末端突起部分亮泽光滑。T_2 少光泽，表面粗糙具弱皱，宽为中间长度的 3.3 倍，T_3 为 T_2 长的 2.3 倍。T_2 之后的背板光亮平滑且多毛。肛下板明显长于腹末。产卵管鞘约为后足胫节长度的 0.9。体黑色，但 T_1、T_2 侧膜和 T_3 白色。翅基片黑色。下颚须和下唇须稍红黄色。胫节距白色。触角黑色。产卵管鞘深褐色。上唇和上颚红褐色。足除胫节前 3/4 外黑色。翅透明，稍褐色，翅痣及翅脉褐色。

图 6-17　神绒茧蜂 *Apanteles dryas* Nixon, 1965

观察标本： 2♀♀，内蒙古大兴安岭汗马国家级自然保护区，果洛托尼亚基河—灌丛，马氏网第 4 瓶，2016.VIII.19，No.201707005～201707006，申荣荣；2♀♀，内蒙古大兴安岭汗马国家级自然保护区，果洛托尼亚基河—湿地，马氏网第 4 瓶，2016.VIII.19，No.201707007、201707008，申荣荣。

分布： 内蒙古、北京、辽宁、吉林、江苏、浙江、福建、贵州、云南。

59. 侧沟茧蜂属 *Microplitis* Foerster, 1862

特征： 唇基微凹或直；复眼大，具均匀且密的刚毛；下唇须 3 节，个别为 4 节；前胸背板具侧沟；中胸盾片通常具刻纹，少数完全光滑；盾纵沟多变，从几乎没有至强度凹陷，而且具粗糙刻纹；小盾片后方带通常宽而光滑；其中央部位被皱纹所阻断；中胸无胸腹侧脊；通常具腹板侧沟，内具小脊；并胸腹节凸而圆，很少由两个横向交汇的面组成，绝不成锐角，几乎总是具有 1 个明显连续的中纵脊，绝无中区，其表面具粗糙刻纹，通常呈皱状至粗糙网状皱纹；后足基节小，短于腹部第 1 背板；后足胫节内外距约等长，通常不超过后足脊跗节的 1/3；前翅 1-R_1 脉短，不伸至 SR_1 脉；1-Cu_1 脉长度多变，但通常短于 2-Cu_1 脉；r-m 脉存在，形成 1 个封闭的三角形或四边形小翅室；后翅具 2r-m 脉（仅在光线折射时可见），轭叶突边缘具缨毛；腹部第 1 背板长度明显长于宽，通常两侧平行或端部渐窄；第 2 背板与第 3 背板之间沟的界限弱或无；如果两者之间具沟，则第 2 背板短于第 3 背板，或者等长，有时第 2 背板具明显中域；腹部除第 1 背板外，其余光滑；肛下板通常骨化，无中纵折和侧褶；产卵管鞘通常很短，很少超过肛下板端部，仅末端具有刚毛束。

生物学：主要为聚寄生，寄主为大蛾类。

分布：世界性分布。世界已知 178 种，中国记录 37 种，汗马保护区分布 2 种。

分种检索表

1. 腹部第 1 背板相对宽大，向末端明显加宽，长为最大宽度的 1.3 倍 .... 北方侧沟茧蜂 *Microplitis borealis*

\- 腹部第 1 背板长，两侧平行，末端有 1 瘤状突起..........侧沟茧蜂 *Microplitis* sp.

（94）北方侧沟茧蜂 *Microplitis borealis* Xu & He, 2004（图 6-18） 内蒙古新记录种

特征：雌蜂体长 3.1mm，前翅长 3.7mm。头部背观横行，宽为长的 2.0 倍。复眼和后单眼间的头顶部分表面粗糙，颜面高为宽的 0.84，粗糙，复眼内缘平行。单眼小，呈高三角形排列，POL：OD：OOL=7.0：2.0：5.0。触角长于体长，端前节 2 倍长于宽。胸部长：宽：高=65.0：38.0：35.0。中胸盾片粗糙，有盾纵沟，中胸侧板仅中间部分光滑，外围均严重粗糙，翅基片黑色，盾片前沟十分宽，内具 5 条小脊，小盾片粗糙。并胸腹节具 1 明显的中纵脊。后足基节粗糙，后足基跗节与产卵管鞘等长，后足腿节是后足胫节的 0.8，胫节内矩明显长于外矩。前翅为体长的 1.19 倍，长为其最大宽度的 3.42 倍，翅半透明，翅痣等长于 1-R_1 脉，r 脉为翅痣宽的 0.58，第 1 盘室高是宽的 1.1 倍；r 脉长为 m-cu 脉长的 0.78。前翅 r-m 脉存在。腹部长约为胸部长的 1.2 倍。T_1 向末端加宽，长为端宽的 1.17 倍，具强皱。T_2 光滑，横行，宽为中间长度的 3 倍，末端弯曲。T_3 长为 T_2 长的 1.2 倍。T_2 之后的背板光亮平滑且多毛。肛下板强骨化，中部无折叠或褶，肛下板达腹末；体色黑色，足基节至转节黑色，腿节至胫节橙黄色，胫节距黄色，跗节暗褐色。上唇和上颚黄褐色，下颚须和下唇须稍红黄色。触角黑色。产卵管鞘深褐色。翅

透明，稍褐色，翅基片黑色，翅痣及翅脉暗褐色。

雄蜂未知。

观察标本：2♀♀，内蒙古大兴安岭汗马国家级自然保护区，波诺河吊桥，马氏网第 3 瓶，海拔 854m，2016.VII.31，申荣荣。

分布：内蒙古、吉林、辽宁、新疆。

图 6-18　北方侧沟茧蜂 *Microplitis borealis* Xu & He, 2004

（95）侧沟茧蜂 *Microplitis* sp.（图 6-19）　新种

特征：雌蜂体长 2.6mm，前翅长 2.5mm。体黑色，足基节黑色，转节至胫节黄色（除后足腿节外），跗节暗褐色。翅基片黄色。上唇和上颚黄褐色，下颚须和下唇须稍红黄色。胫节距黄色。触角黑色。产卵管鞘深褐色。翅透明，稍褐色，翅痣及翅脉暗褐色。头部背观横行，宽为长的 2.05 倍。复眼和后单眼间的头顶部分表面粗糙，颜面高为宽的 0.67，粗糙，复眼内缘平行。单眼小，呈高三角形排列，POL：OD：OOL=4.0：2.0：5.0。触角约等长于体长，端前节 1.33 倍长于宽。胸部长：宽：高=43.0：25.0：25.0。中胸盾片粗糙，无盾纵沟，仅沿着盾纵沟稍微凹陷粗糙，中胸侧板仅中间部分光滑，外围均严重粗糙，盾片前沟十分宽，内具 4 条小脊，小盾片粗糙。并胸腹节具 1 明显的中纵脊。后足基节光滑，后足基跗节为产卵管鞘的 2.5 倍，后足腿节是后足胫节的 0.8，胫节内矩稍长于外矩。前翅为体长的 0.96，长为其最大宽度的 3.12 倍，翅痣 1.5 倍长于 1-R_1 脉，r 脉为翅痣宽的 2.33 倍，第 1 盘室高为宽的 1.1 倍；r 脉长为 m-cu 脉长的 0.57。前翅 r-m 脉存在。腹部：长约为胸部的 1.2 倍。T_1 两侧平行，长为端宽的 1.55 倍，具强皱。T_2 光滑，横行，宽为中间长度的 3 倍。T_3 与 T_2 等长。T_2 之后的背板光亮平滑且多毛。肛下板强骨化，中部无折叠或褶皱，肛下板达腹末。

雄蜂未知。

观察标本：2♀♀，内蒙古大兴安岭汗马国家级自然保护区，200m 栈道，马氏网第 1 瓶，海拔 835m，2016.VIII.12，申荣荣。

分布：内蒙古。

图 6-19　侧沟茧蜂 *Microplitis* sp.

60. 沟腹茧蜂属 *Diolcogaster* Ashmead, 1900

特征：前翅小翅室存在，大小各异，四边形至三角形；后翅臀瓣边缘通常凸且具毛，但有时变化至边缘直且具毛，极特殊情况下边缘凹且无毛。前胸背板侧方具腹沟，偶尔具背沟。并胸腹节通常具皱但偶尔光滑；中纵脊强而完整。T_1 具 1 明显中纵沟，几乎占据全长，但变化大，很短至延伸至端部至很窄，带状。T_2 具明显或不明显的中域。T_3 光滑，但若具强皱则 T_2 也具强皱。后足基节大，后足胫节内距通常长。肛下板短且骨化程度高。产卵管鞘短，通常端部具密毛；大多数种类具特化的粗刚毛。

生物学：寄主包括鳞翅目灯蛾科 Arctiidae、尺蛾科 Geometridae、枯叶蛾科 Lasiocampidae、刺蛾科 Limacodidae、毒蛾科 Lymantriidae、夜蛾科 Noctuidae、舟蛾科 Notodontidae、菜蛾科 Plutellidae、螟蛾科 Pyralidae、带蛾科 Thaumetopoeidae 及膜翅目叶蜂科 Tenthredinidae 的昆虫。

分布：世界性分布。世界已知 66 种，中国记录 4 种，汗马保护区分布 1 种。

陈家骅和宋东宝（2004）报道分布于中国福建的显沟沟腹茧蜂 *Diolcogaster facetosa* (Marshall, 1885)系误定。因为 Nixon（1965）指出该种产卵管鞘末端具 2～3 根特化的黑色刚毛且前足具 1 不甚发达的侧刺，而陈家骅和宋东宝（2004）报道的福建标本的产卵管鞘末端仅具非特化的毛且前足端跗节无侧刺。注：中文属名据罗庆怀和游兰韶（2005），曾用中文属名获茧蜂（陈家骅和宋东宝，2004）。

（96）沟腹侧沟茧蜂 *Diolcogaster* sp.（图 6-20） 新种

特征： 雌蜂体长 3.6mm，前翅长 3.2mm。头部背观横行，宽为长的 1.75 倍，复眼后方略收缩。复眼和后单眼间的头顶部分表面光滑，颜面高为宽的 0.72，粗糙，复眼内缘平行。单眼小，呈低三角形排列，POL：OD：OOL=7.0：3.0：6.0。触角约等长于体长，端前节 2.67 倍长于宽。胸部长：宽：高=55.0：40.0：40.0。中胸盾片粗糙，刻点深且密集，无盾纵沟，中胸侧板仅中间部分光滑，外围均严重粗糙，翅基片黑色，盾片前沟十分宽，内具 8 条小脊，小盾片粗糙，具深且密集的刻点。并胸腹节具 1 明显的中纵脊。后足基节粗糙，具深且密集的刻点，后足基跗节长为产卵管鞘长的 2.5 倍、后足腿节为后足胫节的 0.83，胫节内矩稍长于外矩。前翅为体长的 0.89，长为其最大宽度的 3.2 倍，翅半透明，翅痣等长于 1-R_1 脉，r 脉为翅痣宽的 0.8，第 1 盘室高 1.1 倍长于宽；r 脉等长于 m-cu 脉。前翅 r-m 脉存在。腹部长约为胸部的 1.16 倍。T_1 向末端稍微加宽，后半部拱起，中间具 1 明显的纵沟，具强皱。T_2 粗糙，中间具 1 长条形的中区，宽为中间长度的 2.05 倍。T_3 长为 T_2 长的 0.76，粗糙。T_4 后的背板光亮平滑且多毛。肛下板强骨化，中部无折叠或褶，肛下板达腹末；体黑色，足基节至转节黑色，腿节至跗节黄色（除后足腿节端部稍黑外）胫节距黄色。翅基片黄色。翅痣基部有 1 个小的黄块；上唇和上颚黄褐色，下颚须和下唇须稍红黄色。触角黑色。产卵管鞘深褐色。翅透明，稍褐色，翅痣及翅脉暗褐色。

雄蜂未知。

观察标本： 1♀，内蒙古大兴安岭汗马国家级自然保护区，五支二岔一湿地，马氏网第 1 瓶，海拔 969m，2016.V.17，申荣荣。

分布： 内蒙古。

图 6-20　沟腹侧沟茧蜂 *Diolcogaster* sp.

61. 原绒茧蜂属 *Protapanteles* Ashmead, 1898

特征：并胸腹节常完全或大部分光滑，但其表面常部分或全部革质状、具刻点或皱的刻纹，刻纹较盘绒茧蜂属明显光滑；偶尔具 1 中纵脊，但绝无中区痕迹。前翅 r 脉和 2-SR 脉连接处明显角状至均匀弧状；小翅室开放或封闭；后翅臀瓣凸，边缘具缘毛或无。雌蜂肛下板均匀骨化，中部附近绝无系列纵褶；产卵管鞘短，大多隐藏于肛下板内，其长（包括隐藏部分）不超过后足胫节之半（若偶尔长于后足胫节之半，则肛下板大、端部尖，产卵管鞘大部分被隐藏），端部具明显而集中的毛或极细而不明显的毛。T_1 形状变化大，端部强度圆形收缩至平截；T_2 无侧沟至具 1 对完整或不完整的侧沟，其两沟间角度从锐角至钝角不等，界定明显三角形至矩形或半圆形的中域；T_1、T_2 表面光滑至具皱状刻点或针划状刻纹；T_3 大部分或全部光滑。有些种类雌蜂前足端跗节侧方常具一明显弯刺且与其基部处凹陷或不凹陷。前胸背板侧部具腹沟，背沟有或无。

生物学：绝大多数种类寄生鳞翅目幼虫，也有极少数种类寄生鞘翅目昆虫。

分布：世界性分布。世界已知 7 亚属约 200 种，中国记录 4 亚属 20 种，汗马保护区分布 2 种。

分种检索表

1\. 后足胫节内距明显长于外距，不短于后足基跗节之半；$1\text{-}R_1$ 正常，明显长于其与径室末端间距的 2 倍……………………………………波氏原绒茧蜂 *Protapanteles popovi*

\- 后足胫节内距稍长于外距，短于后足基跗节之半；$1\text{-}R_1$ 脉短，短于其与径室末端间距的 2 倍……………………………………………………………原绒茧蜂 *Protapanteles* sp.

（97）波氏原绒茧蜂 *Protapanteles popovi* (Telenga, 1955)（图 6-21） 内蒙古新记录种

特征：雌蜂体长 3.5～4.0mm。头部横形，光滑具光泽，上颊几乎等长于复眼横径，后头多少钝形收窄。触角细长，等长于体；鞭节端部各节长于宽，端前 2 节 2 倍长于宽。胸部中胸盾片、小盾片和中胸侧方光滑具光泽。并胸腹节稍具微皱，无脊。r 脉与 2-SR 脉连接处呈角状，$2\text{-}Cu_1$ 脉明显长于 $1\text{-}Cu_1$ 脉。后足基节具稀疏刻点或光滑具光泽。T_1 光滑且光亮，3～4 倍长于宽，向端部渐收窄；中部之后侧缘具微皱。T_2 短于 T_3，光滑且光亮，具深的侧沟，围成 1 具微皱的梯形中域。接续背板完全光滑具光泽。肛下板末端尖，产卵管鞘短，最多等长于且通常明显短于后足基跗节。体色黑色，触角黑色；翅基片黄色或略红色；下颚须及下唇须、T_1～T_4 侧缘、T_3 后缘、腹部腹面基部和足（除后足基节和跗节）略红色；后足基节黑色，后足跗节烟褐色。翅透明；翅痣浅色。

雄蜂未知。

观察标本：3♀♀，内蒙古大兴安岭汗马国家级自然保护区，吉娜米基马河—

森林，马氏网第 4 瓶，海拔 935m，2016.VIII.19，申荣荣。

分布：内蒙古、四川、云南、宁夏；土耳其，土库曼斯坦。

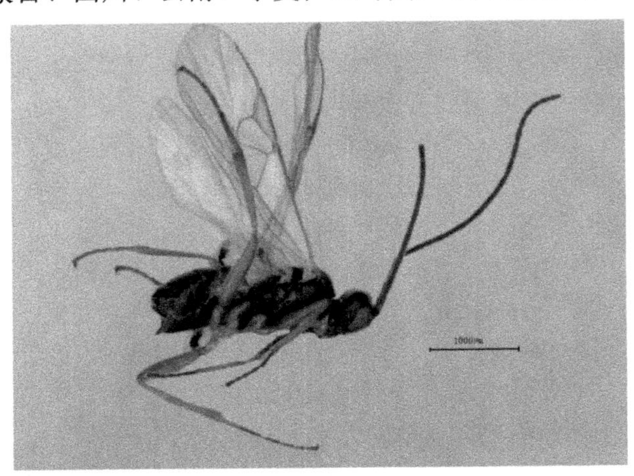

图 6-21 波氏原绒茧蜂 *Protapanteles popovi* (Telenga, 1955)

（98）原绒茧蜂 *Protapanteles* sp.（图 6-22） 内蒙古新记录种

特征：雌蜂体长 2.2mm，前翅长 2.8mm。头部宽为长的 1.5 倍；单眼小，排列成矮三角形，POL∶OD∶OOL=4.4∶3.0∶6.9。头顶一般凸，多少圆，光滑且密布短毛；触角远长于体长，第 13～17 节不呈立方形；端前节 1.9 倍长于宽；鞭节细，向端部不变尖。胸部侧观 1.3 倍长于高；前胸侧板光亮且散布具细毛弱刻点。盾纵沟不明显。小盾片窄而稍凸，小盾片沟直，窄且浅，呈弱细齿状。并胸腹节密布刻点而刻点间表面光亮，具毛，侧部毛较密；无中纵脊。中胸侧板大部极光滑，前部及基节前沟之下密布具细毛弱刻点；$1\text{-}R_1$ 脉短，仅 1.5 倍长于其与缘室末端间距，且明显短于翅痣；翅痣 3.3 倍长于宽。第 1 盘室宽为高的 1.3 倍；$2\text{-}Cu_1$ 脉 1.3 倍长于 $1\text{-}Cu_1$ 脉。后翅 cu-a 脉稍内弯；臀瓣边缘最宽处之外均匀突出，后缘具均匀长毛。后足基节光滑且光亮，伸达 T_3 中部。后足腿节 4.3 倍长于宽。后足胫节向末端渐膨大，外表面具均匀的粗刺。后足胫节明显短于跗节；内距稍长于外距，短于后足基跗节之半。前足端跗节侧方无弯刺。腹部约等长于胸部。T_1 光亮，表面光滑但侧方区域具刻点，向末端均匀收窄，前半部稍凹陷；中长为基部最宽处的 1.8 倍，亦 1.8 倍长于 T_2。T_2 光亮，具 2 条直的侧沟，伸达后缘。产卵管鞘光亮，窄且短，前后均宽，伸出肛下板部分明显短于后足基跗节之半，等长于第 4 跗节。肛下板小，极光滑，均匀骨化，因此沿中线无褶，不超过末节背板末端。体黑色，腹部稍褐色且侧前部 1/3 多少透明。触角深褐色；下颚须和下唇须褐黄色。足褐黄色且向端部多少加深，后足胫节距较浅，后足基节黑色；翅半透明，翅脉及翅痣褐色，多少透明；翅脉在极基部较浅。

雄蜂未知。

观察标本： 2♀♀，内蒙古大兴安岭汗马国家级自然保护区，牛耳湖—灌丛，马氏网第 4 瓶，海拔 870m，2016.VIII.15，申荣荣。

分布： 内蒙古、贵州。

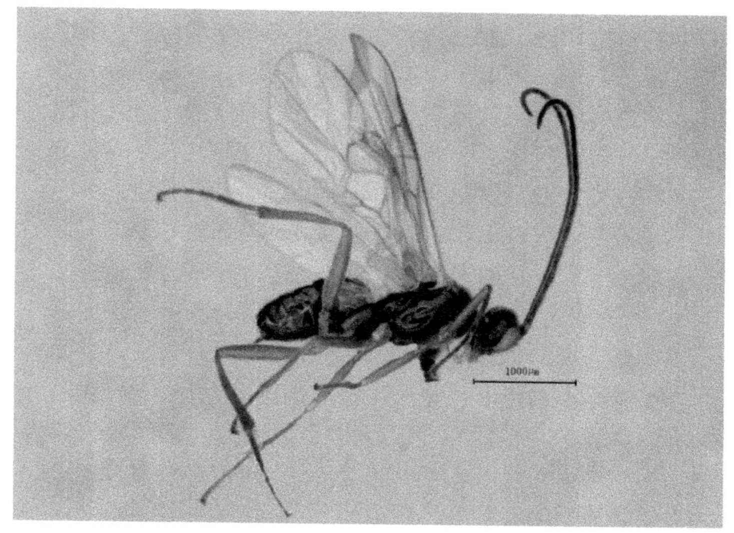

图 6-22　原绒茧蜂 *Protapanteles* sp.

62. 盘绒茧蜂属 *Cotesia* Cameron, 1891

特征： 头相对胸部正常大小（不特异地变小，相对拱茧蜂属 *Fornicia* 而言）。小盾片后方光滑带不连续，中央为 1 皱状区域；并胸腹节具皱，具 1 中脊。前翅小翅室大；后翅后小脉不呈波纹状，通常向臀瓣一侧弯曲；臀瓣突出且具毛。T_1～T_3 形成具皱的背甲，占据腹部的整个背面，将其他部分隐藏于其下。T_1 基部具 1 明显中沟，与 T_2 间关节明显；T_2 至多具 1 不明显的中域。后足基节大，明显长于 T_1；后足胫节内距长，通常达到后足基跗节之半。产卵管鞘短，仅于末端具毛；肛下板短且均匀骨化。

生物学： 据 Austin（1989）报道，其中 1 种盘绒茧蜂寄生 *Imma thyriditis* Meyrick 的幼虫。

分布： 东洋区、澳新区、热带区分布。世界已知 8 种，中国记录 2 种，汗马保护区分布 2 种。

分种检索表

1. 触角 13～17 节，立方体至近立方体，几乎不长于宽；触角短，通常明显短于体长，单眼后方光滑 .... 盘绒茧蜂 *Cotesia* sp.
- 触角第 13～16 节长大于宽，至多第 16～17 节近立方形，触角不明显地短于至长于体长，单眼后方至后头有 1 棕色的中纵脊……………………………………………………………………………………………………夹色盘绒茧蜂 *Cotesia alternicolor*

(99) 盘绒茧蜂 *Cotesia* sp.（图 6-23） 内蒙古新记录种

特征：雌蜂体长 2.6mm，前翅长 2.5mm。头部背观横形，宽为长的 1.8 倍。单眼大，排列成矮三角形。POL：OD：OOL=5：3：7。头顶极光滑，凸起，具极短的细毛；额区中部具 1 完整的纵状弱隆脊；复眼大，内缘近颜面处向下稍收窄；触角短，但长于头长与胸长之和；鞭节具直立的毛被；第 13～17 节近立方形，长大于宽。胸部中胸盾片光亮，具浅而弱的刻点，后部更浅，具密毛；无盾纵沟。小盾片几乎光滑且光亮，凸起，仅具少量弱刻点。并胸腹节具 1 弱中纵脊。翅 1-R_1 脉 4.8 倍长于其末端与缘室末端间距，稍长于翅痣；翅痣 2.7 倍长于宽；第 1 盘室等宽于高；1-Cu_1 脉短于 2-Cu_1 脉。后翅臀瓣边缘均匀凸出，最宽处之外无毛。足细长。后足基节光亮，恰伸达 T_3，外表面密布细弱具毛刻点。后足胫节向末端渐膨大，外表面无粗刺。后足胫距约等长，短于基跗节之半。前足端跗节侧方无刺。腹部稍长于胸部。T_1 光亮，侧缘平行，末端平截；前部斜面极光滑，后部水平面具微皱和密毛；中长为端宽的 1.4 倍，2.3 倍长于 T_2。T_2 亦具微皱，但具 1 多少明显的极光滑中域；宽为长的 2.5 倍，明显短于 T_3。其他背板膜质，极光滑，具稀疏的毛。产卵管鞘直，向末端渐尖。肛下板中等大小，膜质，表面极光滑，不超过末节背板末端。体色黑色，略带褐色；腹部深褐色，但 T_1～T_3 侧方黄色，触角深褐色。口器浅褐色，下颚须和下唇须略白色。翅基片褐色，多少透明。足褐黄色，前中足端跗节、后足基节、后足腿节末端和后足跗节末端暗褐色；胫节距黄白色。翅透明；翅脉基半部无色，至多有少数脉略带褐色，翅痣褐色。

雄蜂未知。

图 6-23　盘绒茧蜂 *Cotesia* sp.

观察标本：1♀，内蒙古大兴安岭汗马国家级自然保护区，救护站—森林，马氏网第 1 瓶，海拔 847m，2016.V.3，申荣荣。

分布：内蒙古、浙江、福建、广东。

（100）夹色盘绒茧蜂 *Cotesia alternicolor* You & Zhou, 1988（图 6-24） 内蒙古新记录种

特征：雌蜂体长 2.5mm，前翅长 2.5mm。头部背面观微横形，触角下方具 1 微弱纵脊；头顶及后头刻点稍稀粗；单眼矮三角形；单眼后方至后头具 1 深色的中纵脊；触角约与体等长。胸部中胸背板长、宽、厚的比为 2.5∶2∶2。中胸盾片具稀疏而浅的刻点；小盾片前沟宽而浅，几乎形成凹窝，凹窝内具少数细脊，小盾片狭长，刻点稀而少，末端有光滑的隆起；中胸侧板仅在翅基下脊附近有少数浅刻点。并胸腹节密布皱纹刻点。前翅狭长，约与体等长；r 脉自翅痣中央稍外方伸出；r 脉、2-SR 脉及 m-cu 脉约等长，1-SR∶2-SR+M∶2-M=3∶2∶2。后足基节光滑有光泽，后足胫距等长，长度不及后跗节基节之半（3∶10）。腹部 T_1 长为端部最宽处的 1.7 倍，两侧从基部向端部稍加宽，至末端呈圆形收缩，背板基部中央凹陷，凹陷处光滑，其余部分密布细皱纹；T_2 稍短于 T_3（4∶5），其中域近似三角形，侧沟不甚明显，中域具微细纵皱纹；T_3 及接续背板平滑有光泽；产卵管鞘稍长于后足胫距；肛下板均匀骨化。触角、中胸小盾片后端及侧面光滑带、后小盾片、后胸侧板、并胸腹节、腹部末端、爪及产卵管鞘均为暗褐色；下颚须及下唇须长，黄白色；足基节至转节黑色，腿节至跗节黄色（除腿节端部黑色外）。

雄蜂未知。

观察标本：2♀♀，内蒙古大兴安岭汗马国家级自然保护区，吉娜米基马河—灌丛，马氏网第 4 瓶，海拔 932m，2016.VIII.19，申荣荣。

分布：内蒙古、山东。

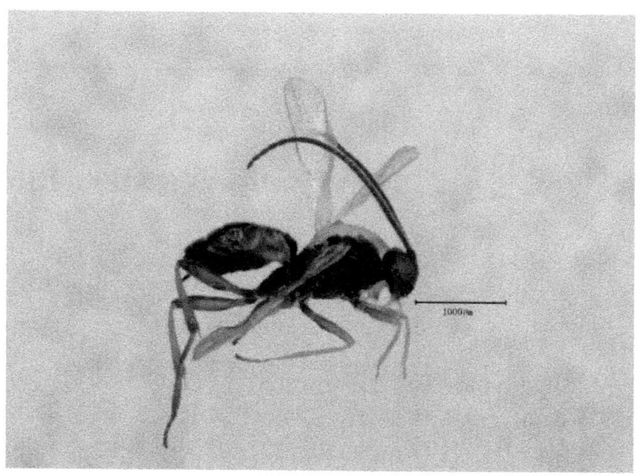

图 6-24 夹色盘绒茧蜂 *Cotesia alternicolor* You & Zhou, 1988

蝇茧蜂亚科 Opiinae

特征：体长不超过 5.0mm；触角多数为 20～50 节；脸侧面观平坦或中部凸起；唇基腹缘钝或锐，形态多样，或突出或凹陷；上颚不反转，基部正常，或扩大形成 1 小齿（如在潜蝇茧蜂属 *Opius* 中）；下颚须 6 节，下唇须 4 节；后头脊大多侧方存在，但在烦茧蜂属 *Ademon* 中后头脊完整，在锢茧蜂属 *Desmiosloma* 和印度茧蜂属 *Indiopius* 中后头脊完全缺失；口后脊在大多数类群中远离后头脊，但在纽茧蜂属 *Apodesmia* 中，二者相接；前胸背板背凹圆形或狭缝形或缺；盾纵沟完整或仅前端存在；中胸后片中后凹形状多样，圆形、椭圆形等；中胸侧板基节前沟光滑或具齿状刻纹；中胸腹板后横脊大多数缺，但在费氏茧蜂属 *Fopius* 和片腹茧蜂属 *Bitomus* 中存在；并胸腹节表面光滑或具网状皱纹或具小室，有些种类具中纵脊和横脊；翅脉大多较完整，但在印度茧蜂属中前翅 m-cu 脉和 r-m 脉缺，在烦蝇茧蜂属中前翅 SR_1 脉在端部消失，前翅缘室开放；前翅中肘横脉（$M+Cu_1$）基部大部分骨化至完全骨化；有些类群后足胫节基部内侧具斜脊（如在脊胫蝇茧蜂属 *Utetes*、脊室蝇茧蜂属 *Areotetes* 和颚蝇茧蜂属 *Opiognnthus* 中）；产卵管长度不等。

分布：世界已知 40 属 2000 余种，中国记录 27 属 1000 余种，汗马保护区分布 4 属 4 种。

分属检索表

1. 后头脊侧面观存在，与口后脊相接……纽蝇茧蜂属 *Apodesmia*
- 后头脊侧面观存在，不与口后脊相接……2
2. 第 1 腹板背凹存在且明显……普蝇茧蜂属 *Xynobius*
- 第 1 腹板背凹不存在……3
3. 上颚基部急剧扩大，小齿三角形或尖……潜蝇茧蜂属 *Opius*
- 上颚正常，基部逐渐扩大……亮蝇茧蜂属 *Phaedrotoma*

63. 纽蝇茧蜂属 *Apodesmia* Foerster, 1863

特征：后头脊侧面观存在，在上颚基部上方弯曲，恰与口后脊相接；脸部无瘤状突起；口上沟无大的凹陷；上唇正常；唇基无刻痕；上颚基部不急剧扩大（通常逐渐加大），基腹面具 1 弱脊；中胸背板中后凹存在，少数种类缺；小盾片前沟宽，或相当窄；中胸腹板后横脊缺；前翅长通常短于 3mm；前翅 3-SR 脉明显长于 2-SR 脉；前翅 2-SR 脉存在，少数种类退化；前翅第 1 亚盘室至少部分关闭；后翅 cu-a 脉存在于几乎所有种类中，但在新北区的种类中后翅的 cu-a 脉和 Cu_{1b} 脉可能都不存在；后翅 m-cu 脉通常不存在或存在但不明显，仅在淡红

纽蝇茧蜂 *A. rufipes* 中明显；腹部第 1 背板无背凹；腹部第 3 背板基半部无侧褶，若存在，则腹部第 2 背板光滑；腹部第 5 至其他的背板部分露出；产卵管鞘基部多少具刚毛。

分布：澳新区、新北区、古北区东部和西部分布。世界已知 46 种，中国记录 3 种，汗马保护区分布 1 种。

（101）纽蝇茧蜂 *Apodesmia* sp.（图 6-25） 新种

观察标本：1♀，内蒙古大兴安岭汗马国家级自然保护区，200m 溪流栈道，马氏网第 4 瓶，海拔 835m，2016.VIII.12，申荣荣。

图 6-25 纽蝇茧蜂 *Apodesmia* sp.

64. 潜蝇茧蜂属 *Opius* Wesmael, 1835

特征：上颚基部急剧扩大，小齿三角形或尖；中胸背板中后凹多样；中胸腹板后横脊完全缺；前翅 2-SR 脉通常存在，少数种类不存在；前翅 1-M 脉通常直；第 2、3 背板基半部无锐利侧褶，若有，则第 2 背板光滑；第 4 及余下各背板露出。

分布：世界性分布。世界已知 555 种，中国记录 32 种，汗马保护区分布 1 种。

（102）潜蝇茧蜂 *Opius* sp.（图 6-26） 新种

观察标本：1♀，内蒙古大兴安岭汗马国家级自然保护区，200m 溪流栈道，马氏网第 1 瓶，海拔 835m，2016.VIII.12，申荣荣；1♀，内蒙古大兴安岭汗马国家级自然保护区，果洛托尼亚基河一湿地，马氏网第 4 瓶，海拔 953m，2016.VII.28，申荣荣。

分布：内蒙古。

图 6-26　潜蝇茧蜂 *Opius* sp.

65. 亮蝇茧蜂属 *Phaedrotoma* Foerster, 1863

特征：脸部无瘤突；前单眼之前无明显凹陷；额在触角窝后无成对凹陷，但可能整个额凹；后头脊侧面观存在，微弯或无，远离口后脊；唇基不同程度隆起，通常窄或长；后头脊侧面观存在，微弯或无，远离口后脊；唇基不同程度隆起，通常窄或长；上唇正常；上颚正常，基部逐渐扩大；中胸背板中后凹多样；前胸背板背凹圆形或宽椭圆形或仅 1 浅沟；小盾片前沟通常宽；前翅 2-SR 脉存在，少数种类缺；第 1 亚盘室至少部分闭合；前翅 3-SR 脉明显长于 2-SR 脉，若相等则后翅 m-cu 脉和基节前沟（接近）缺；前翅通常短于 3.5mm；第 4～7 背板（至少部分）露出。

分布：世界性分布。世界已知 500 余种，中国记录 31 种，汗马保护区分布 1 种。

（103）亮蝇茧蜂 *Phaedrotoma* sp.（图 6-27）　新种

图 6-27　亮蝇茧蜂 *Phaedrotoma* sp.

观察标本：1♀，内蒙古大兴安岭汗马国家级自然保护区，救护站—湿地，马氏网第 3 瓶，海拔 847m，2016.VIII.1，申荣荣；1♀，内蒙古大兴安岭汗马国家级自然保护区，救护站—灌丛，马氏网第 2 瓶，海拔 842m，2016.VII.9，申荣荣；1♀，内蒙古大兴安岭汗马国家级自然保护区，200m 溪流栈道，马氏网第 1 瓶，海拔 835m，2016.VII.3，申荣荣；1♀，内蒙古大兴安岭汗马国家级自然保护区，200m 溪流栈道，马氏网第 1 瓶，海拔 835m，2016.VIII.12，申荣荣。

分布：内蒙古。

66. 普蝇茧蜂属 *Xynobius* Foerster, 1863

特征：唇基下陷存在，大；上颚基部简单，腹面具 1 窄脊；盾纵沟完整或大部分缺失；中胸背板中后凹存在；基节前沟下方无第 2 刻纹沟；前翅 m-cu 脉通常平行（近似）1-M 脉；前翅 r 脉多少与 3-SR 脉成一定角度并明显短于 2-SR 脉；翅痣长且窄，端部多少扩大或椭圆形或三角形；第 1 腹板背凹存在；肛下板（罕）微锯齿状。

分布：世界性分布。世界已知 99 种，中国记录 11 种，汗马保护区分布 1 种。

（104）普蝇茧蜂 *Xynobius* sp.（图 6-28） 新种

观察标本：1♀，内蒙古大兴安岭汗马国家级自然保护区，200m 溪流栈道，马氏网第 4 瓶，海拔 835m，2016.VIII.12，申荣荣；1♀，内蒙古大兴安岭汗马国家级自然保护区，200m 溪流栈道，马氏网第 2 瓶，海拔 835m，2016.VII.7，申荣荣。

分布：内蒙古。

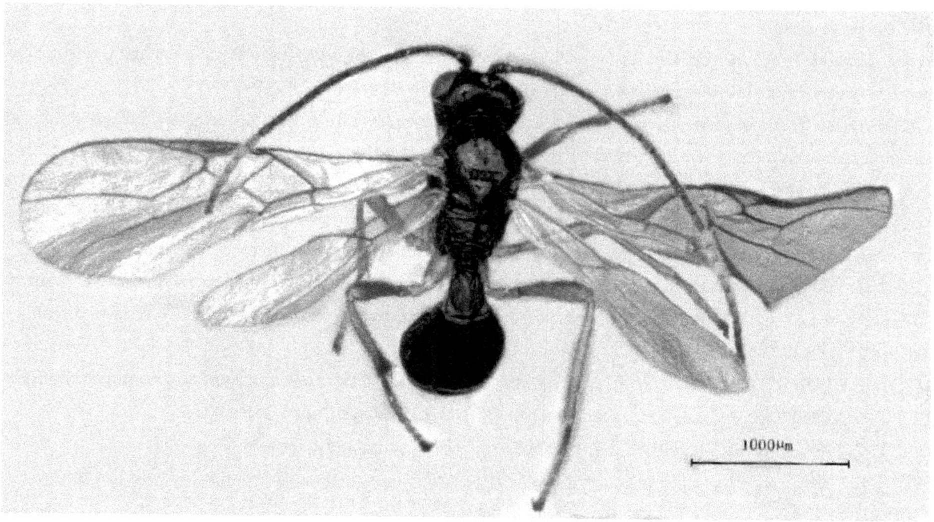

图 6-28 普蝇茧蜂 *Xynobius* sp.

参考文献

陈家骅，宋东宝，2004. 中国小腹茧蜂（膜翅目：茧蜂科）[M]. 福州：福建科学技术出版社.

陈家骅，伍志山，1994. 中国反颚茧蜂族：膜翅目 茧蜂科 反颚茧蜂亚科[M]. 北京：中国农业出版社.

何俊华，陈学新，樊晋江，等，2004. 浙江蜂类志[M]. 北京：科学出版社.

李夕英，2012. 湖南蝇茧蜂亚科种间系统关系与分类研究（膜翅目：茧蜂科：蝇茧蜂亚科）[D]. 长沙：湖南农业大学.

ACHTERBERG C V, 1988. Revision of the subfamily Blacinae Foerster (Hymenoptera, Braconidae) [J]. Zoologische Verhandelingen Leiden, 249: 1-324.

ACHTERBERG C V, 1993. Illustrated key to the subfamilies of the Braconidae (Hymenoptera: Ichneumonoidea) [J]. Zoologische Verhandelingen, 283: 1-189.

ACHTERBERG C V, 2002. Western Palaearctic genera of the subfamily Microgastrinae: a re-appraisal of the generic and tribal division (Hymenoptera: Braconidae) [M//MELIKA G, THURÓCZY C. Parasitic wasps: evolution, systematics, biodiversity and biological control. Budapest: Köszeg. Agroinform.

ACHTERBERG C V, 2014. Notes on the checklist of Braconidae (Hymenoptera) from Switzerland[J]. Mitteilungen der Schweizerischen Entomologischen Gesellschaft, 87: 191-213.

ACHTERBERG C V, Long K D, Chen X X, et al., 2015. *Pseudofornicia* gen. n. (Hymenoptera, Braconidae, Microgastrinae), a new Indo-Australian genus and one new species from Vietnam[J]. ZooKeys, 524: 89-102.

BELOKOBYSKIJ S A, 1998. 1. Rhyssalinae, 2. Doryctinae, 3. Histeromerinae, 4. Exothecinae, 7. Gnamptodontinae, 9. Alysiinae (Alysiini), 10. Helconinae, 11. Cenocoeliinae, 12. Brachistinae, 14. Meteorideinae, 16. Xiphozelinae, 17. Homolobinae, 18. Charmontinae, 19. Orgilinae, 20. Ecnomiinae, 21. Sigalphinae, 23. Ichneutinae, 25. Cardiochilinae, 27. Dirrhopinae, 28. Miracinae, 29. Adeliinae[M]//LER P A. Key to the insects of Russian Far East. Vol. 4. Neuropteroidea, Mecoptera, Hymenoptera. Pt 3. Vladivostok: Dal'nauka: 41-162, 163-298, 411-520, 531-558.

BELOKOBYSKIJ S A, 2005a. Eastern Palaearctic species of the parasitic wasps of the genus *Aspilota* Foerster (Hymenoptera, Braconidae, Alysiinae). species with developed mesoscutal pit [J]. Entomologicheskoe Obozrenie, 84(3): 610-641. [In Russian]

BELOKOBYSKIJ S A, 2005b. On the systematic and distribution of three rare Alysiine genera (Hymenoptera: Braconidae: Alysiinae) [J]. Genus (Wroclaw), 16(3): 431-444.

FISCHER M, 1976. Eine neue Alysiinen-Gattung und drei neue Aspilota-Arten aus dem pazifischen Raum sowie Bestimmungsschlüssel zu den Gattungen der Alysiini (Hymenoptera, Braconidae, Alysiinae)[M]. Annalen des Naturhistorischen Museums in Wien, 79(December 1975): 223-236.

FISCHER M, 2004a. Drei winzige Kieferwespen der Tribus Alysiini (Dreizellen-Kiefer-wespen) (Hymenoptera: Braconidae, Alysiinae) [J]. Zeitschrift der Arbeitsgemeinschaft Oesterreichischer Entomologen, 56(3-4): 75-82.

FISCHER M, 2004b. Einige neue Brackwespen (Insecta: Hymenoptera: Braconidae) und weitere Formen der Kiefer- und Madenwespen (Alysiinae, Opiinae) [J]. Annalen des Naturhistorischen Museums in Wien. Serie B Botanik und Zoologie, 105B (2003): 277-318.

LI X Y, ACHTERBERG C V, TAN J C, 2013. Revision of the subfamily Opiinae (Hymenoptera, Braconidae) from Hunan (China), including thirty-six new species and two new genera[J]. ZooKeys, 268: 1-186.

MORLEY C, 1936. Notes on Braconidae XV: Microgasterinae[J]. Entomologist, 69:189-191.

NIXON G E J, 1965. A reclassification of the tribe Microgasterini(Hymenoptera: Braconidae) [J]. Bulletin of the British Museum(Natural History), Entomology Series, Supplement. 22: 33-72.

NIXON G E J, 1968. A revision of the genus *Microgaster Latreille*(Hymenoptera: Braconidae) [J]. Bulletin of the British Museum(Natural History) , Entomology Series, 22: 33-72.

NIXON G E J, 1970. A revision of the northweatern European species of Microplitis Föster (Hymenoptera: Braconidae)

[J]. Bulletin of the British Museum (Natural History), Entomology Series, 25: 1-30.

PAPP J, 1981. Contribution to the Braconid of Hung. III: Opiinae and Microgastrinae [J]. Folia Entomologica Hungarica, 34: 127-141.

PAPP J, 1984. Palaearctic species of Microgaster Latreille (=Microplitis Föster) with description of seven new species (Hymenoptera, Braconidae, Microgastrinae)[J]. Entomologische Abhandlungen und Berichte aus dem Staatlichen Museum fur Tierkunde, Dresden, 47: 95-140.

WHARTON R A, 1997. Introduction. Alysiinae. Gnamptodontinae. Homolobinae. Macrocentrinae. Opiinae[M]//WHARTON R A, MARSH P M, SHARKEY M J. Manual of the New World genera of the family Braconidae (Hymenoptera). International Society of Hymenopterists. Special Publication No. 1: 1-18, 85-118, 257-260, 279-284, 311-316, 379-396.

XU W A, Han H Y, 2007. A survey of the genera of *Microgaster* Latreille and *Hygroplitis* Thomson (Hymenoptera: Braconidae: Microgastrinae from China[J]. Phytoparasitica, 35(1): 86-99.

XU W A, He J H, 1999. A new species of *Microplitis* Föster (Hymenoptera: Braconidae: Microgastrinae) from Heilongjiang[J]. Entomological Journal of Esat China, (1): 1-3.

YU D S K, ACHTERBERG C V, HORSTMANN K T, 2016. Ichneumonoidea 2016. Database on flash-drive[DB/OL]. http://www.taxapad.com. Ottawa, Ontario, Canada.

（二十四）环腹瘿蜂科 Cyclophoridae

齐婷，王义平
（浙江农林大学林业与生物技术学院，杭州，311300）

匙胸瘿蜂亚科 Eucoilinae Thomson, 1862

特征：体小型，体长 0.8～5.0mm，通常黑色，腹部和足的颜色略淡。翅通常发育完全，具绒毛或光裸，具缨毛或退化；前翅长 1.5～4.0mm，极少数为短翅型；翅缘圆钝或凹陷。雌性触角 13 节，由基部到端部逐渐加粗；雄性触角 15 节，通常第 3 节或第 4 节膨大、弯曲。前胸背板显著，其中部前方收缩成 1 前片，后缘突出。中胸背板光滑、光亮；中胸小盾片具隆起的盾盘，盘上有 1 杯状凹陷。腹部第 2、3 节背板愈合形成腹部最大的 1 节。

生物学：匙胸瘿蜂寄生于双翅目环裂亚目的 1 龄幼虫中，大多数寄生于实蝇科、秆蝇科、潜叶蝇科等植食性幼虫体内，少数寄生于尸食性、腐食性、菌食性蝇类幼虫体内。

分布：世界已知 6 族 80 余属 1000 余种，中国记录 32 属 56 种，汗马保护区分布 4 属 7 种。

分属检索表

1. 翅短，翅缘凹陷；翅脉退化，径室前缘开放；翅表面具少数绒毛；前胸背板片垂直；小盾片具纵向的刻纹，小盾片杯窄；后胸侧板后腹角突出 ....

....凹翅匙胸瘿蜂属 *Kleidotoma*

- 翅缘未明显凹陷；翅脉完整，径室前缘开放、部分关闭或完全关闭；翅表面具绒毛；前胸背板片不垂直；小盾片形状各异，表面很少具刻纹，小盾片杯较宽；后胸侧板后腹角未突出；头形状各异，很少球形，复眼大..............................2

2. 前胸背板片侧凹闭合，侧脊存在；前翅较窄；径室前缘关闭，窄；体侧扁 ......
....长盾匙胸瘿蜂属 *Trichoplasta*

- 前胸背板片侧凹开放，侧脊缺失；前胸背板较窄；颊脊缺失；前翅由窄到宽；径室前缘开放、部分关闭或完全关闭，正常；体未侧扁..................................3

3. 后胸侧板后腹角光裸，成一定角度的倾斜，通常突起形成 1 个三角面；前胸背板两侧具刻纹；腹柄基部具完整毛环........................林匙胸瘿蜂属 *Linoeucoila*

- 后胸侧板后腹角具绒毛，通常呈直线或尖锐状（很少倾斜），不突起形成 1 个特定的面；小盾杯细长，较窄；前胸背板片背缘未突出于中胸背板前缘 ....
....长杯匙胸瘿蜂属 *Araeaspis*

67. 长杯匙胸瘿蜂属 *Araeaspis* Lin, 1988

特征：体侧扁，头与胸几乎同宽或窄于胸，前胸背板具宽的中脊，两侧具开放性侧凹，前胸背板片背缘未突出于中胸背板前缘。径室部分关闭或完全关闭。侧棒光滑；小盾片前窝大，盾片具褶皱，圆钝或垂直于侧面；小盾杯细长，较窄；后腺坑小，前方具刚毛。后胸侧板后腹角具绒毛，后胸侧板后缘突起。

分布：澳新区、东洋区分布。世界已知 6 种，中国记录 6 种，汗马保护区分布 3 种。

（105）长杯匙胸瘿蜂 *Araeaspis* sp1

特征：体长 1.6mm，前翅 1.8mm。头胸黑色，腹部棕色，翅脉浅黄色，足黄色，触角黄色至棕色。头部表面光滑，唇基处无瘤状突起；颊分散着稀疏的毛，颚间沟缺失；后头具刻纹。触角 11 节，棍棒状，F_2 长于 F_1，F_1～F_7 细长，F_8～F_{11} 略微膨大。前胸背板具开放性侧凹；前胸背板后缘宽于前缘；前胸背板侧具白色绒毛；前胸背板片背缘未突出于中胸背板前缘。中胸背板狭长，光滑，盾纵沟缺失；中胸侧板横沟存在。翅脉清晰，径室关闭（R_1 脉存在）；翅表面具绒毛，前翅边缘具少数长缨毛，靠近径室边缘无缨毛。侧棒具刻纹；小盾片前窝大，较浅；盾杯前端细长，后端为椭圆状，盾杯表面具刻点，腺坑位于盾杯后端；盾杯未超过盾片后缘；盾片具纵向刻纹，后端圆钝具绒毛。后胸背板位于小盾片下方；后胸侧板具微弱横脊，后端具大量毛。腹部侧扁，腹柄短，第 2 腹背板具完整毛环，第 3～5 腹背板具刻点。

观察标本：2♂♂，内蒙古大兴安岭汗马国家级自然保护区，救护站，马氏网，2015.VII.28，史丽；1♂，内蒙古大兴安岭汗马国家级自然保护区，中心管理站，马氏网，2015.VIII.28，史丽。

分布：内蒙古。

（106）长杯匙胸瘿蜂 *Araeaspis* sp2

特征：体长 1.7mm，前翅 1.3mm。头胸黑色，腹部棕色，足、触角、翅脉黄色。颊光滑，具颚间沟，眼、唇基周围分布着白毛，唇基上方不具瘤状突起；触角基部与眼眶连接处具刻纹；触角 11 节，丝状，F_1～F_2 等长，F_8～F_{11} 略有膨大。前胸背板侧凹开放，侧脊不存在；背板前缘与后缘等宽，表面具褶皱；前胸背板侧分布少量的绒毛；前胸背板片后缘未高于中胸背板前缘。中胸背板宽大于长，表面具稀疏刚毛，背部略微凹陷，盾纵沟缺失，中胸背板后缘没有突起；中胸侧板光滑，侧沟缺失显。翅脉颜色较浅，径室关闭（R_1 脉存在），径室外侧边缘具长缨毛，前翅顶端不具缨毛，翅表面具毛。侧棒细长具刻纹；前窝较浅，近似圆形；盾片具刻纹和刻点，后端具刚毛；小盾杯细长，表面具刻点和 3 根刚毛，腺坑位于盾杯后端；盾杯的匙状结构未延伸至小盾片后缘。后胸侧板横脊存在，后胸侧板后缘具大量刚毛。腹柄短，第 2 腹背板具大量完整的毛环；腹部侧扁。

观察标本：1♀，内蒙古大兴安岭汗马国家级自然保护区，波诺河，马氏网，2015.VIII.28，史丽；2♂♂，内蒙古大兴安岭汗马国家级自然保护区，牛耳湖，马氏网，2015.IX.19，史丽。

分布：内蒙古。

（107）长杯匙胸瘿蜂 *Araeaspis* sp3

特征：体长 1.5mm，前翅 1.8mm。头黑色，胸部深棕色，腹部棕色，翅脉浅黄色，足、触角黄色。颊具白色绒毛，复眼光裸，颚间沟缺失，后头具少量刻纹。前胸背板侧凹开放，没有侧脊；前胸背板前缘与后缘等宽，前缘表面具褶皱；前胸背板侧具少量毛；前胸背板片背缘未突出于中胸背板前缘。中胸背板狭长，表面略微凹陷，无盾纵沟，分散着少量刚毛；中胸侧沟缺失。翅脉颜色较浅，径室关闭（R_1 脉存在），径室狭长；翅表面具绒毛，前翅边缘具长缨毛。侧棒细长，具刻纹；前窝大，呈椭圆形；盾片长大于宽，具刻纹，后端具刚毛；小盾杯细长，表面具 2 根刚毛和刻点，腺坑位于盾杯后端。后胸侧板横脊缺失，表面具 4 根刚毛，腺坑位于盾杯后端；盾片具刻纹和刻点，后端圆钝没有突出。后胸背板侧不具横脊，后缘具有大量的绒毛。腹柄短，第 2 腹背板具完整的毛环，腹部呈长卵圆形，末端具稀疏的刚毛。

观察标本：1♀，内蒙古大兴安岭汗马国家级自然保护区，救护站，马氏网，2015.VIII.28，史丽。

分布：内蒙古。

68. 凹翅匙胸瘿蜂属 *Kleidotoma* Westwood, 1833

特征：体光亮；体色主要为黑色，足有时黄色或棕色。前胸背板片垂直，两侧具开放性侧凹。中胸背板背部光滑，盾纵沟缺失；中胸侧板翅凹缺失，中胸侧沟完整。后缘侧角光裸或具毛。小盾片具纵向的刻纹；小盾片杯长且窄。腹基部具毛环。翅短，翅缘凹陷；翅脉退化，径室前缘开放；翅通常具少量绒毛。

生物学：主要寄生于鼓翅蝇科（Sepsidae）、果蝇科（Drosophilidae）、蝇科（Muscidae）等蝇类幼虫中。

分布：东洋区、热带区、新北区分布。世界已知 220 种，中国记录 10 种，汗马保护区分布 1 种。

（108）凹翅匙胸瘿蜂 *Kleidotoma* sp.

特征：胸腹呈深褐色，翅脉为淡黄色，足为黄色。前胸背板片具开放性侧凹，高于中胸背板，中脊宽具褶皱。中胸背板光滑，盾纵沟缺失，分布着稀疏的白毛；中胸侧板光滑具侧沟，翅凹缺失。前翅长 1.2mm，翅透明，前翅边缘具明显凹陷，翅脉清晰，翅表面具退化的绒毛，前翅边缘具长缨毛，径室开放。侧棒短而光滑，无刻纹。小盾片具纵向刻纹，后端具网格褶皱；小盾杯狭长，表面具刻点，与中胸背板近似于垂直，腺坑大，呈圆形；盾杯未超过小盾片。腹柄短，具沟，第 2 腹背板具完整的毛环。

观察标本：1♂，内蒙古大兴安岭汗马国家级自然保护区，中心管理站，马氏网，2015.IX.19，史丽。

分布：内蒙古。

69. 林匙胸瘿蜂属 *Linoeucoila* Lin, 1988

特征：前胸背板片较大，具宽的中脊和开放性侧凹，具侧脊，前胸背板两侧具刻纹；翅表面毛退化；小盾片杯微隆起。并胸腹节短，最大腹背板基部加宽，具完整毛环；在后侧有分散的绒毛；后观第 4 腹背板基部圆钝或窄。

分布：东洋区、热带区、古北区分布。世界已知 12 种，中国记录 5 种，汗马保护区分布 2 种。

（109）林匙胸瘿蜂 *Linoeucoila* sp1

特征：体长 3.0mm，前翅 2.8mm。头、胸、腹黑色，触角棕色，足深棕色，翅脉浅黄色。头部光滑，分散着稀疏的刚毛。唇基不具瘤状突起，且分散着白毛。颚间沟存在，眼周围分散着稀疏白毛。触角 15 节，丝状，细长，柄节和鞭节分散着刚毛。F_1 与 F_2 等长，F_3 短于 F_2，F_1～F_5 略有膨大。前胸背板侧凹开放，具有前胸背板侧脊；前胸背板侧具刻纹，前胸背板两侧前缘整齐分布着白毛；前胸背板后缘宽于前缘；前胸背板高于中胸背板。中胸背板上盾纵沟缺失；具中胸侧板沟。翅脉清晰，径室关闭（R_1 脉存在），前翅边缘没有长的缨毛；翅表面具绒毛。侧棒短粗，具刻纹；盾片杯形状大，约占盾片的 1/2，呈圆形水滴状，且有 3、4 根刚毛。盾片杯未超过小盾片；小盾片呈网格状褶皱，且分散着稀疏的刚毛。后胸侧板侧脊存在；后胸侧板后缘腹角具三角形突起，不具刚毛；后胸侧板后缘具刚毛。第 2 腹背板具有完整的毛环，腹背板末端具 4 根刚毛。

观察标本：2♂♂，内蒙古大兴安岭汗马国家级自然保护区，吉娜米基马河，马氏网，2015.IX.19，史丽。

分布：内蒙古。

（110）林匙胸瘿蜂 *Linoeucoila* sp2

特征：体长 2.3mm，前翅长 2.6mm。头、胸、腹黑色，腹部后缘黄色，触角棕色，足黄色，翅脉浅黄色。颊、眼周围分散着绒毛；具颚间沟；唇基没有突起；后头具稀疏白毛。触角 13 节，丝状，F_3 与 F_4 等长，梗节膨大。前胸背板具开放性侧凹，两侧具刻纹，前缘排列着整齐的刚毛；前胸背板后缘高于中胸背板前缘。中胸背板光滑，盾纵沟缺失。中胸侧板沟存在，侧棒具刻纹；盾片具刻点；小盾杯呈水滴状，表面具刻纹，腺坑位于盾杯底部，具有 2～3 根毛。后胸侧板侧脊存在，后缘腹角形成三角突起，光裸；后胸侧板后缘具毛。并胸腹节短，腹部侧扁，第 2 腹背板具完整的毛环。

观察标本：1♀，内蒙古大兴安岭汗马国家级自然保护区，中心管理站，马氏网，2015.IX.19，史丽。

分布：内蒙古。

70. 长盾匙胸瘿蜂属 *Trichoplasta* Benoit, 1956

特征：体表光亮；体色主要为黑色，棕色，足有时黄色或棕色。雌性触角 13 节，雄性触角 15 节。颚间沟存在。前胸背板片中脊较窄，侧凹闭合。中胸背板长，前端为隆起，盾纵沟缺失；中胸侧板不突出，中胸侧沟存在。小盾片突出，具刻点或褶皱，悬挂在并胸腹节上；盾杯卵形或泪滴状，背部具腺坑。第 2 腹背板具完整毛环，腹背板后端具刻点。

生物学：主要寄生于果蝇科（Drosophilidae）、尖尾蝇科（Lonchaeidae）蝇类幼虫中。

分布：澳新区、东洋区、热带区、古北区分布。世界已知 26 种，中国记录 10 种，汗马保护区分布 1 种。

（111）长盾匙胸瘿蜂 *Trichoplasta* sp.

特征：体长 1.8mm，前翅长 2.0mm。头黑色，胸部和腹部呈深棕色，触角浅褐色，足和翅脉呈浅黄色。颚间沟存在，颊中间排列着白毛；唇基处没有明显的突起，后头分布着刚毛。触角 13 节，F_4～F_{11} 呈念珠状。前胸背板侧凹闭合，具有侧脊；前胸背板侧具白色绒毛；前胸背板片背缘明显高于中胸背板前缘。中胸背板长大于宽，背部光滑，分散着稀疏白毛；盾纵沟缺失；具中胸侧板沟；具翅凹。翅脉清晰，径室关闭（R_1 脉存在），径室边缘具缨毛。侧棒光滑无刻纹。小盾片具网状褶皱，小盾片杯未延伸至小盾片后缘，盾片杯呈卵圆形，腺坑位于小盾杯后缘。后胸侧板侧脊缺失，后胸侧板后缘具刻纹和刚毛；后腹角没有突起。

第 2 腹背板具毛环，腹背板后端具刻点。

观察标本：1♀，内蒙古大兴安岭汗马国家级自然保护区，中心管理站，马氏网，2015.IX.19，史丽；2♀♀，内蒙古大兴安岭汗马国家级自然保护区，救护站，马氏网，2015.VIII.28，史丽；1♀，内蒙古大兴安岭汗马国家级自然保护区，吉娜米基马河，马氏网，2015.IX.19，史丽。

分布：内蒙古。

参 考 文 献

BUFFINGTON M L, 2010. Order Hymenoptera, Family Figitidae[J]. Arthropod fauna of the UAE, 3: 356-380.

BUFFINGTON M L, AZEVEDO C O, 2008. The redescription and phylogenetic position of *Steleucoela* Kieffer, 1908, a remarkable genus of Neotropical Ganaspini (Hymenoptera: Figitidae: Eucoilinae)[J]. Proceedings of the Entomological Society of Washington, 117 (2): 95-115.

CHOI W Y, LEE J W, SUH K I, 2008. First record of the genus *Kleidotoma*（Insect: Hymenoptera: Figitidae: Eucoilidae）from Korea[J]. Korean Journal of Systematic Zoology, 3 (24): 281-284.

CHOI W Y, LEE J W, SUH K I, 2009. Three new species of the genus *Kleidotoma* (Insecta: Hymenoptera: Figitidae: Eucoilinae) from Korea[J]. Korean Journal of Systematic Zoology, 25 (3): 295-300.

FORSHAGE M, 2015. Systematics of Eucoilini. Exploring the diversity of a poorly known group of Cynipoid parasitic wasps[D].Uppsala: Uppsala University.

LIN K S, 1987. *Aganaspis*, a new genus of Eucoilidae (Hymenoptera: Cynipoidea)[J]. Taiwan Agricultural Research Institution Special Publication, 22: 67-79.

LIN K S, 1988. The Eucoilidae from Taiwan, I. (Hymenoptera: Cynipoidea)[J]. Journal of the Taiwan Museum, 41(2): 1-66.

NOORT S V, BUFFINGTON M L, FORSHAGE M, 2015. Afrotropical Cynipoidea (Hymenoptera)[J]. ZooKeys, 493: 1-176.

NORDLANDER G, 1981. A review of the genus *Trybliographa* Förster, 1869 (Hymenoptera, Cynipoidea: Eucoilidae)[J]. Entomologica Scandinavica, 12: 381-402.

NORDLANDER G, 1982. Identities and relationships of the previously confused genera *Odonteucoila*, *Coneucoila* and *Trichoplasta* (Hymenoptera: Cynipoidea: Eucoilidae)[J]. Entomologica Scandinavica, 13: 269-292.

（二十五）姬蜂科 Ichneumonidae

吴琼，陈学新

（浙江大学农业与生物技术学院，杭州，310058）

姬蜂亚科 Ichneumoninae

特征：唇基比较平，与颜面有弱沟分开，端缘稍微弧形，或平截，中央有或无钝齿。上颚上齿通常长于下齿。无盾纵沟和腹板侧沟，或短而浅，偶尔例外。并胸腹节端区陡斜；有纵脊；中区存在，形状各异，常隆起，气门线形或圆形。

小翅室五角形，肘间横脉向径脉合拢。腹部平，通常纺锤形。第 1 背板基部横切面方形；气门位于中央之后；后柄部平而宽，或锥形隆起。腹陷通常宽而明显凹入。产卵管通常短，刚伸出腹端。雌性鞭节通常在亚端部变宽；雄性细而尖。

生物学：是寄生于多种鳞翅目蛹的内寄生蜂，通常产卵于蛹，有时产卵于幼虫，在蛹期羽化。单寄生。

分布：世界性分布。世界已知 13 族，中国记录 11 族，汗马保护区分布 1 族。

圆齿姬蜂族 Gyrotiontini

特征：雌性触角变化大，丝状、很短、末端钝，或鬃形、很长、端部强度变细，有时中部以后强度变宽，有时很细长、不变宽。雄性触角正常，有时结节上有横脊；角下瘤有不同形状、大小和数量。颊和上颊变化大，从非常窄到强度膨胀都有。唇基正常，不明显凸起，在少数强姬蜂属 *Cratichneumon* 的雄蜂中强度凹入；大多数种类端缘直，极少有凹入或双凹。上颚正常；有时宽、具钝齿，或铲状、无齿，或单齿。小盾片通常平坦；而有时在后小盾片上方明显隆起；极少强度凸起。并胸腹节不像姬蜂族 Ichneumonini 那样圆弧状后倾，而是曲折式，第 2 侧区的侧纵脊与外侧脊之间向端部扩大，止于 1 明显突出的角或瘤突。并胸腹节分区明显而完整，似姬蜂族；中区前端窄，有马蹄形、半卵圆形、六边形或长方形、方形或横向长方形；分脊通常不明显。足变化大，从很粗壮到很细长都有。一些属雌蜂后足基节有时有 1 个多少明显的毛刷；或个别属的爪多少具明显的栉；阔跗姬蜂属 *Eupalamus* 雌蜂前中足跗节通常阔。雌蜂腹部末端尖或钝。并区姬蜂属 *Pterocormus* 及近缘属的后柄部有 1 具规则刻条的中区，一些属的中区常具刻点，在强姬蜂属 *Cratichneumon* 中则光滑。腹陷从完全不明显到很深很大都有，窗疤明显或不明显。雌蜂腹部形状一般长卵圆形，有时则很长细。雄蜂腹部较一致，仅下生殖板形状有些变化，在斑姬蜂属 *Spilichneumon* 和大铗姬蜂属 *Entanyacra* 中有 1 个多少延长的中突，或在 *Tricholabus* 属中具 1 个较长且强度凸起的突。雌性腹部常呈不同程度的黑色或红色，或红黑相间，极少具金属蓝色；有些种类有白色肛斑，极少在前面背板上有黄色或白色的侧斑或端带。雄蜂腹部常常具黑色和黄色的带，特别是在并区姬蜂属、拟杂姬蜂属 *Pseudamblyteles* 和少数强姬蜂属中。雌蜂胸部和头部常呈不同的黄褐色。性二型很突出，常常是雌蜂腹部基色红色，而雄蜂黑色，或亮黄色间有黑色横带。雄蜂头部、胸部及足的白色多于雌蜂。

分布：世界性分布。世界已知 105 属，中国记录 30 属，汗马保护区分布 2 属 2 种。

分属检索表

1. 腹部第 2 背板窗疤甚阔，两个窗疤之间的距离小于窗疤宽度的 0.7 ....

....尖腹姬蜂属 *Stenichneumon*

\- 两个窗疤之间的距离大于窗疤宽度的 0.7........................俗姬蜂属 *Vulgichneumon*

71. 尖腹姬蜂属 *Stenichneumon* Thomson, 1893

特征：唇基端半部表面多少拱起（一些种例外），端缘厚度正常；唇基端缘平截或圆凸；小盾片在侧面观拱起，侧脊甚短，不超过小盾片的中部，腹部第 3 背板几乎光滑；后柄部中央具细纵线纹，驼峰状拱隆；爪非明显栉状；雌蜂触角鞭节端部的 0.3 处腹面平坦，稍扩大；雌蜂腹部末端很尖。

分布：世界性分布。世界已知 126 种，中国记录 16 种，汗马保护区分布 1 种。

（112）点尖腹姬蜂 *Stenichneumon appropinquans* (Cameron, 1897)（图 6-29）

特征：体长 13～18mm。体黑色；额眶、脸眶（宽）、唇基基侧方、颊后方、触角第 8～14 鞭节大部、前胸背板中央前方和后上缘、有时颈下方 1 斑点、中胸盾片 2 短纵纹、翅基片、小盾片、后小盾片、翅基下脊、中胸侧板下方 1 大斑和后上角、并胸腹节侧方大斑、腹部第 1 背板后缘（后缘中央上缘常有缺口）、第 2～6 背板近后缘两侧，均白色。翅透明，稍带烟黄色，外缘较深暗，或烟褐色（雄）；翅痣黄褐色。足大部分暗红色；基节黑色，上侧方有白斑；转节黑色；前中足腿节端部外侧和胫节外侧黄白色；跗节黑褐色。

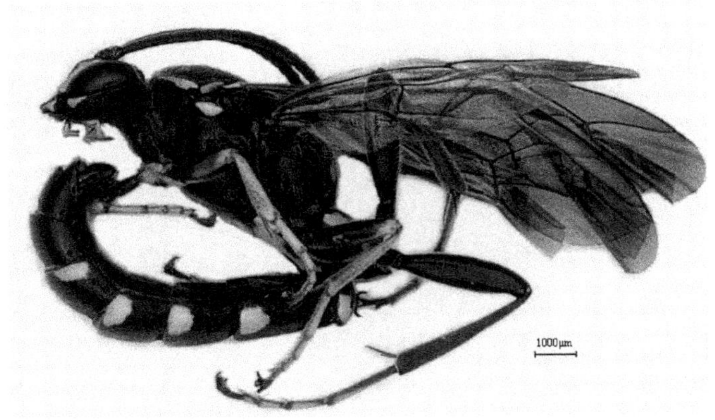

图 6-29　点尖腹姬蜂 *Stenichneumon appropinquans* (Cameron, 1897)

头部密布刻点；颜面中央和唇基基部隆起；额下方平滑，上部具网状刻点；上颊在复眼后收窄，背观长与复眼约等长；触角鬃状，雌性中央膨大，末端渐尖，端半部平坦，雄性各鞭节间明显收缩。胸部密布网状刻点；小盾片梯形，表面近于平坦，具稀疏刻点，侧脊仅基部存在。并胸腹节基区模糊，横形，具不规则纵刻条；中区宽稍大于长，基角稍钝圆，内具不规则皱纹；分脊弱；端区及第 3 侧区皱纹粗。小翅室上方平截；盘肘脉中央有明显脉桩。腹部较细长，末端尖；第

1 背板后柄部近于光滑，中央具不明显纵刻条，后柄部与柄部之间有驼峰状隆起；第 2 背板窗疤甚宽，疤间具纵刻条，疤距仅为疤宽的 0.35。产卵管鞘稍伸出腹端。

观察标本： 1♀，内蒙古大兴安岭汗马国家级自然保护区，波塔河吊桥，马氏网第 3 瓶，海拔 854m，2016.VII.31，申荣荣。

分布： 内蒙古、浙江、湖北、四川、台湾、福建、广西、贵州、云南；印度。

72. 俗姬蜂属 *Vulgichneumon* Heinrich, 1961

特征： 小盾片无侧脊，或侧脊甚短，不及小盾片中部；腹部第 2 背板窗疤通常凹陷且多少明显；并胸腹节基部中央几乎都有 1 个小的瘤状突；中区大约呈马蹄形，其基端圆凸，末端中央内陷；后柄部的中央周围有隆脊，界限分明，通常具稀疏刻点，并常有微弱纵线纹；腹部第 2、3 背板强度拱起，强度硬化，具较粗而明显的刻点；第 2 背板窗疤通常较小而甚浅；凹陷甚深；雌蜂触角鞭节的端部近圆筒形，末端稍尖；体中等长。

分布： 世界性分布。世界已知 152 种，中国记录 26 种，汗马保护区分布 1 种。

（113）黏虫白星姬蜂 *Vulgichneumon leucaniae* (Uchida, 1924)（图 6-30）

特征： 雌蜂体长 13～15mm。颜面宽，密布细网皱；唇基光滑或散生刻点；额和头顶具粗刻点，触角洼小；上颊在复眼之后收窄，侧观长与复眼相等；触角 33～34 节，端部钝圆；前胸背板满布网皱，上方呈夹点刻皱；中胸盾片密布刻点，盾纵沟在前方有痕迹；小盾片近于光滑；中、后胸侧板满布夹点刻皱，镜面区亦具刻点，基间脊明显。并胸腹节满布网皱，但背表面的网皱模糊；中区长约等于宽，马蹄形，即其基角圆，后缘稍前凹；分脊在中区中央之后发出。小翅室五边形，上边短。腹部纺锤形；第 1 节背板柄部光滑，与后柄部之间角度明显；后柄部满布粗刻点，中央稍隆起，隆起部侧缘有脊，雄蜂较狭窄，后柄部中央明显隆起，但其上刻点较少，侧缘无明显的脊；第 2 背板密布刻点，腹陷和窗疤小，疤距甚远；第 3 节及以后各节背板刻点渐小而弱，近于光滑。产卵管微伸出。体黑色；触角第 8～13 鞭节上面、小盾片、后足第 1 转节（除基部）及腹部第 7 背板中央的圆形大斑均为黄色。前足胫节、有时中足胫节带赤褐色。翅透明，稍带烟黄色；翅脉和翅痣黑褐色。雄蜂触角鬃形，38 节，鞭节分节明显，中段无白斑或白斑不明显。

寄主： 国内已知有黏虫 *Mythimna separata*、大螟 *Sesamia inferens* 及甘蓝夜蛾 *Barathra brassica*。从蛹内羽化，单寄生。

观察标本： 1♀，内蒙古大兴安岭汗马国家级自然保护区，波塔河吊桥，马氏网第 3 瓶，海拔 854m，2016.VII.31，申荣荣。

分布： 内蒙古、浙江、辽宁、北京、山东、江苏、江西、湖北；日本，俄罗斯。

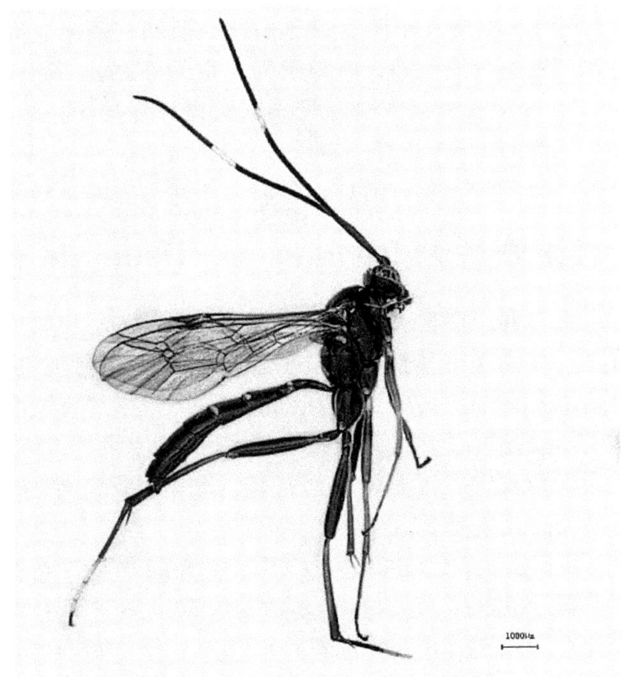
图 6-30　黏虫白星姬蜂 *Vulgichneumon leucaniae* (Uchida, 1924)

参 考 文 献

何俊华，2004. 浙江蜂类志[M]. 北京：科学出版社.

何俊华，陈学新，马云，1996. 中国经济昆虫志（第五十一册）膜翅目：姬蜂科[M]. 北京：科学出版社.

（二十六）胡蜂科 Vespidae

张雪，李廷景

（重庆师范大学昆虫与分子生物学研究所，重庆，401331）

特征：口器为咀嚼式；触角膝状，雌蜂 12 节，雄蜂 13 节；复眼大、内缘中部深凹陷；前胸背板倒 V 形，两侧分别伸达翅基片；两对透明的膜翅，后翅前缘有 1 排小钩（翅钩列）钩住前翅后缘，形成前后翅连锁；中足基节相互接触，跗节无排刷状毛簇；中足胫节端部具 1～2 个距；雌蜂腹部可见 6 节，雄蜂腹部可见 7 节；体常具黄斑或条带。

分布：世界已知 258 属约 6000 种，中国记录 64 属 360 余种，汗马保护区分布 4 属 7 种。

分属检索表

1\. 上颚长，刀状；腹部第 1 节基部具横脊，背区具中沟 .... 同蜾蠃属 *Symmorphus*
\- 上颚短，端部具齿；腹部第 1 节基部无横脊，背区无中沟 2
2\. 后单眼的间距明显短于后单眼至后头脊之间的距离 ....胡蜂属 *Vespa*
\- 后单眼的间距几乎等于后单眼至后头脊之间的距离 3
3\. 上颚基部与复眼下边缘远离、不相连 ....长黄胡蜂属 *Dolichovespula*
\- 上颚基部与复眼下边缘接近、几乎相连 ....黄胡蜂属 *Vespula*

73. 同蜾蠃属 *Symmorphus* Wesmael, 1836

特征：雌性头顶在后单眼后面有 1 对头窝穴；翅基片长且阔，后缘与旁翅基片后缘齐平，前后均尖；胸腹侧脊常发达，但有些种类缺失，中胸背板盾纵沟常完整、发达；腹部第 1 背板水平部分具中纵沟；腹部非柄状，第 1 节相对较窄，长略大于宽；腹部第 1 背板基部有不同程度的横脊，中部有纵沟；雄蜂触角末节不回弯成钩，不少种类端部多节，有小瘤点。

分布：世界已知 54 种，中国记录 19 种，汗马保护区分布 1 种。

（114）克氏同蜾蠃 *Symmorphus* (*Symmorphus*) *kurzenkoi* Kim, 2017（图 6-31）中国新记录种

特征：雌蜂体长 16mm。体黑色，上颚端部橘红色，前胸背板前缘具 1 对大黄斑，腹部背板第 1～2 节具端部 1 横黄带，背板第 3 节端部中间、腹板第 2 节端部两侧色斑为黄色；翅褐色。唇基宽略大于长，具粗糙中刻点，稀生短毛，端部略凹陷，具两齿；触角间隆起，额区和头顶密生刻点和长毛，颊部刻点较额区和头顶的稀疏；后单眼后方具 1 对大窝穴；后头脊发达，在中间无凹陷；胸部密生长毛；前胸背板具密集中等刻点，前胸背板前垂直面无光泽；前胸背板脊完整，肩角不明显；中胸背板具中等刻点和小刻点间布，具完整的盾纵沟；中胸侧板具粗糙刻点，中胸侧板脊在腹侧发达，中胸后侧片具粗糙刻点；小盾片具粗糙刻点，中部具 1 长纵沟；小盾片极窄，向下倾斜，具粗糙刻点；并胸腹节围界不发达，背区较窄，刻点粗糙，中部有 1 凹陷，侧区上部具粗糙刻点，下部具横脊，后区凹陷，中间具完整中纵脊，两侧具横纹；腹部密生短毛，非柄状，背板第 1 节宽略大于长，具粗糙刻点，前垂直面短，倾斜，具稀疏刻点，无光泽，基部具发达横脊，两端脊不发达，中间具中纵沟；第 2 背板宽略大于长，具密集小刻点，端部较密集，端缘具窄薄片；第 1 腹板无中纵脊和横脊，侧斜脊突出；第 2 腹板具稀疏刻点，基部在沟后均匀凸起。

雄蜂形态近似雌蜂。

观察标本：1♀，内蒙古大兴安岭汗马国家级自然保护区，200m 溪流栈道，马氏网第 2 瓶，2017.VII.12，李顺德；1♀，内蒙古大兴安岭汗马国家级自然保护区，牛耳湖灌丛，马氏网第 1 瓶，2017.VII.5，李顺德。

分布：内蒙古；韩国。

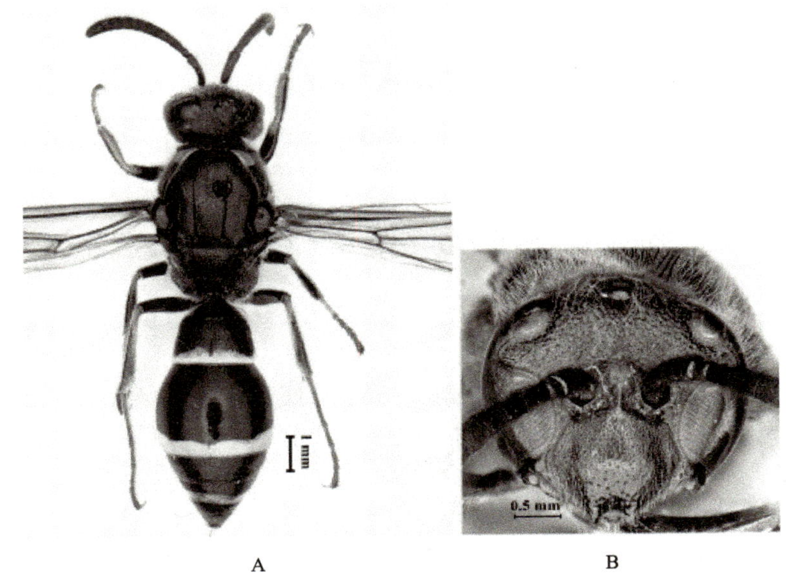

A　　B

A—整体背面观；B—头部正面观。

图 6-31　克氏同蜾蠃 *Symmorphus* (*Symmorphus*) *kurzenkoi* Kim, 2017（♀）

74. 长黄胡蜂属 *Dolichovespula* Rohwer, 1916

特征：复眼至上颚间的距离长；唇基前缘中央凹陷呈两齿，雄性凹陷不明显；两触角之间隆起呈弧形，前胸背板两侧有纵脊；腹部第 1 节前部平截，与后半部形成垂直面。

分布：全北区广泛分布。世界已知 20 种，中国记录 11 种，汗马保护区分布 2 种。

分种检索表

1. 复眼凹陷黄色；前胸背板两侧隆起脊处具黄斑；前胸背板具中等密度刻点，刻点直径等于刻点间的距离 .... 中长黄胡蜂 *Dolichovespula media*

\- 复眼凹陷大部分黑色；仅下缘具 1 条窄的黄色带；前胸背板两侧隆起脊处无黄斑；前胸背板具中等密度刻点，刻点直径小于刻点间的距离 .... 石长黄胡蜂 *Dolichovespula saxonica*

（115）石长黄胡蜂 *Dolichovespula saxonica* (Fabricius, 1793)（图 6-32）

特征： 雌蜂体长约 13mm，头宽略窄于胸，被长毛。体黑色，唇基除中间黑色外其余黄色，上颚黄色周缘黑色，触角间梯形黄斑，触角柄节腹侧具黄斑，触角鞭节腹侧橙黄色，复眼内缘具黄色条带，复眼后缘上端具 1 小黄斑，前胸背板近中胸背板处具浅黄斑，中胸侧板上部具 1 小浅黄斑，小盾片具 1 对浅黄斑，翅基片中央棕色，其余黄色，腹部背板第 1～6 节和腹板第 2～6 节具端部黄条带；足的股节腹侧黄棕色；足的胫节和跗节黄色；唇基端部中央略凹陷，两侧略突出呈齿状；触角窝之间略隆起；前胸背板前缘窄，两肩角圆形，前胸背板两侧有纵脊；中胸背板中央有纵隆线，散布稀疏小刻点，刻点的直径小于刻点之间的距离；小盾片矩形，中央有 1 浅纵沟；腹部各节革质，无明显刻点，被稀疏长毛。

雄蜂形态近似雌蜂。

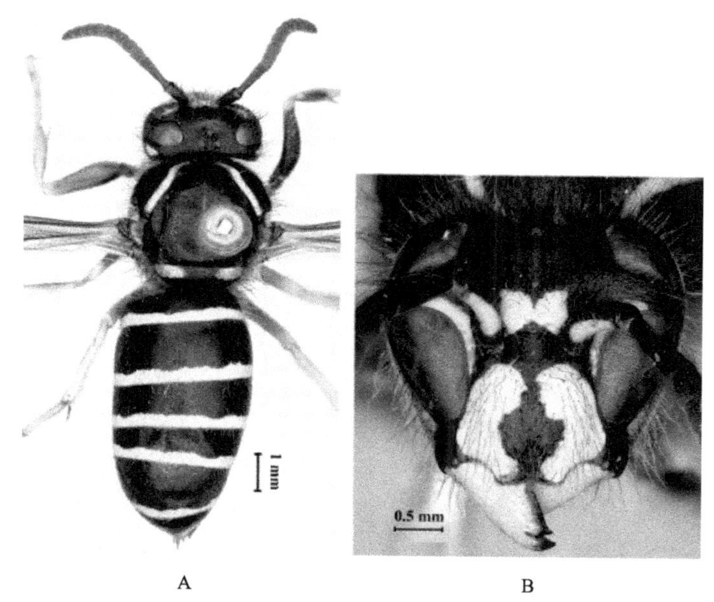

A—整体背面观；B—头部正面观。

图 6-32 石长黄胡蜂 *Dolichovespula saxonica* (Fabricius, 1793)（♀）

观察标本： 2♀♀，内蒙古大兴安岭汗马国家级自然保护区，牛耳湖湿地，马氏网第 1 瓶，海拔 870m，2015.VII.26，史丽；1♀，内蒙古大兴安岭汗马国家级自然保护区，五支二叉森林，马氏网第 1 瓶，海拔 977m，2015.VII.28，史丽；1♀，内蒙古大兴安岭汗马国家级自然保护区，吉娜米基马河灌丛，马氏网第 1 瓶，海拔 931m，2015.VII.31，史丽；2♀♀，内蒙古大兴安岭汗马国家级自然保护区，吉娜米基马河湿地，马氏网第 1 瓶，海拔 932m，2015.VII.31，史丽；1♀，内蒙古大兴安岭汗马国家级自然保护区，吉娜米基马河森林，马氏网第 1 瓶，海拔 935m，

2015.VII.31，史丽；1♀，内蒙古大兴安岭汗马国家级自然保护区，救护站森林，马氏网第 1 瓶，海拔 847m，2015.VII.24，史丽；7♀♀，内蒙古大兴安岭汗马国家级自然保护区，波诺河吊桥边，马氏网第 1 瓶，海拔 854m，2015.VII.23，史丽；2♀♀，内蒙古大兴安岭汗马国家级自然保护区，波诺河灌丛，马氏网第 1 瓶，海拔 846m，2015.VII.23，史丽。

分布：内蒙古、浙江；德国。

（116）中长黄胡蜂 *Dolichovespula media* (Retzius, 1783)（图 6-33）

特征：雌蜂体长 15mm，体色黑色，上颚黄色，唇基中间具黑斑，颊部具黄条带，触角间具梯形黄斑，触角柄节腹侧黄色，触角鞭节腹侧橙黄色，复眼内缘具黄条带，复眼后缘具 1 对黄斑，前胸背板两侧隆起脊处具黄斑，前胸背板近中胸背板处具黄斑，翅基片棕色，小盾片具 1 对黄斑，后小盾片具 1 对黄斑，腹部背板第 1～6 节及腹板第 2～6 节端部具黄色条带，腹板各节基部和中部棕色，前足股节外侧黄色，足的胫节大部分黄色，足的跗节黄色，体被长毛；唇基强度突起，端部两侧深凹陷，端部中央浅凹陷，具稀疏浅刻点和棕色长毛，刻点的直径小于刻点之间的距离；额区、头顶和颊部具稀疏刻点和密长毛；两触角窝之间呈三角形强烈隆起，额沟在中部呈 1 深窝状；前胸背板具中等密度刻点和长毛，刻点的直径等于或小于刻点之间的距离，两侧龙脊明显，两肩角不明显；中胸背板突起，具中等密度浅刻点和长毛，刻点的直径等于或小于刻点之间的距离；小盾片矩形，中央具浅纵沟，覆浅刻点和棕色长毛。后小盾片垂直向下，具稀浅刻点和稀疏长毛；腹部具稀疏浅刻点和长毛，长毛在腹板第 1 节基部密集。

A

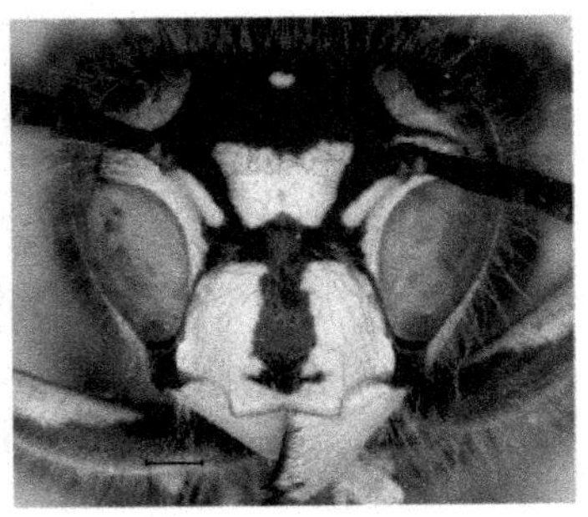

B

A—整体背面观；B—头部正面观。

图 6-33　中长黄胡蜂 *Dolichovespula media* (Retzius, 1783)（♀）

雄蜂形态近似雌蜂。

观察标本：2♀♀，内蒙古大兴安岭汗马国家级自然保护区，五支二叉湿地，马氏网第 1 瓶，海拔 969m，2015.VII.28，史丽；1♀，内蒙古大兴安岭汗马国家级自然保护区，牛耳湖森林，马氏网第 1 瓶，海拔 871m，2015.VII.26，史丽；1♀，内蒙古大兴安岭汗马国家级自然保护区，波诺河灌丛，马氏网第 1 瓶，海拔 846m，2015.VII.23，史丽；1♀，内蒙古大兴安岭汗马国家级自然保护区，中心管理站 200m 溪流栈道，马氏网第 1 瓶，海拔 835m，2015.VII.24，史丽。

分布：内蒙古、云南、黑龙江；日本，俄罗斯，欧洲中部和北部各国。

75. 黄胡蜂属 *Vespula* Thomson, 1869

特征：两复眼下端与上颚基部接近；两触角窝之间弧形隆起；后单眼间的距离与其到后头沟之间的距离大致相等；前胸背板两侧无纵脊。

分布：全北区广布。世界已知 26 种，中国记录 12 种，汗马保护区分布 3 种。

分种检索表

1. 复眼凹黄带窄，中胸背板刻点密，除中央外，其余刻点之间的距离等于或小于刻点直径……红环黄胡蜂 *Vespula rufa*
- 复眼凹黄带宽，中胸背板刻点稀疏，刻点之间的距离大于刻点直径……2
2. 唇基中部黑色区域直达前缘；体被密长毛……施氏黄胡蜂 *Vespula shidai*
- 唇基中部黑色区域未达前缘；体被稀疏长毛……常见黄胡蜂 *Vespula vulgaris*

（117）施氏黄胡蜂 *Vespula shidai* Ishikawa, Yamane & Wagner, 1980（图 6-34）

特征：雌蜂体长约 13mm。体黑色，上颚黄色，唇基中部黑色区域直达前缘，其余黄色，触角间梯形黄斑，颊部两侧具 1 黄斑，复眼凹具 1 宽黄带，复眼后缘上端具 1 黄斑，前胸背板近中胸背板处具黄斑，中胸侧板上部具 1 黄斑，翅基片除中间透明斑其余为黄色，小盾片和后小盾片具 1 对黄斑，腹部背板第 1～6 节和腹板第 2～6 节端部具不规则黄条带，足的股节端部具黄斑，足的胫节和跗节全黄色；整体覆有短毛，其间夹着长毛；翅褐色。头宽略窄于胸，其密集黑色长毛；唇基略隆起，端部中央略凹陷，布有浅刻点，刻点的直径小于刻点之间的距离；额区、头顶和颊部布有稀疏浅刻点，刻点的直径小于刻点之间的距离；胸部具密集黑色长毛；前胸背板两肩角圆形，前缘极窄；中胸背板隆起，有稀疏浅刻点，刻点的直径小于刻点之间的距离；小盾片矩形，中央有纵沟；后小盾片向下垂直，近五边形；足的基节、转节、胫节附有密集黑色长毛。腹部背板和腹板端部及第 1 背板基部具密集黄色长毛。

雄蜂形态近似雌蜂，腹部 7 节。

观察标本：7♀♀，内蒙古大兴安岭汗马国家级自然保护区，中心管理站 200m

溪流栈道，马氏网第 1 瓶，海拔 835m，2015.VII.24，史丽；6♀♀，内蒙古大兴安岭汗马国家级自然保护区，五支二叉森林，马氏网第 1 瓶，海拔 977m，2015.VII.28，史丽；2♀♀，内蒙古大兴安岭汗马国家级自然保护区，波诺河吊桥边，马氏网第 1 瓶，海拔 854m，2015.VII.23，史丽；1♀，内蒙古大兴安岭汗马国家级自然保护区，果洛托尼亚基河森林，马氏网第 1 瓶，海拔 976m，2015.VII.30；1♀，内蒙古大兴安岭汗马国家级自然保护区，救护站森林，马氏网第 1 瓶，海拔 847m，2015.VII.24，史丽；1♀，内蒙古大兴安岭汗马国家级自然保护区，牛耳湖湿地，马氏网第 1 瓶，海拔 870m，2015.VII.26，史丽。

分布：内蒙古、辽宁、黑龙江；朝鲜，俄罗斯，日本。

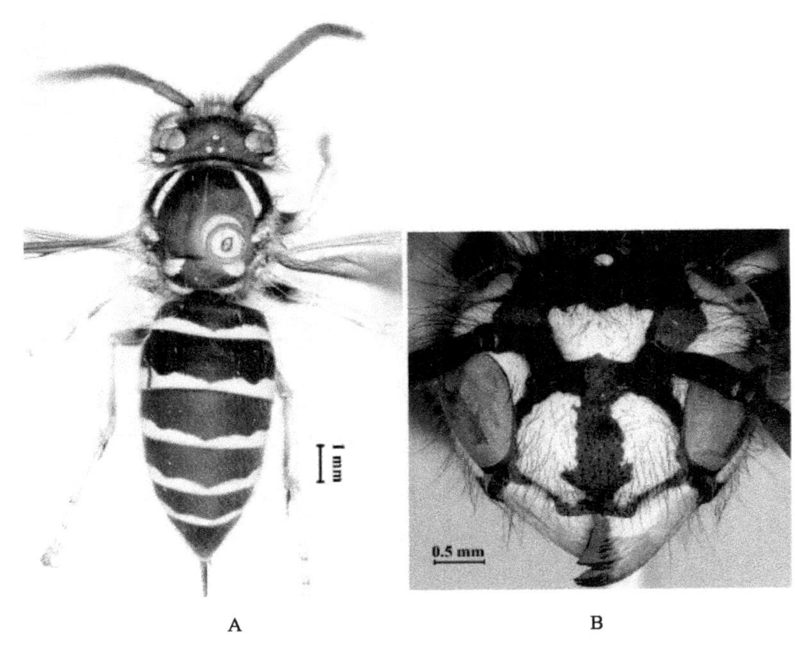

A—整体背面观；B—头部正面观。

图 6-34　施氏黄胡蜂 *Vespula shidai* Ishikawa, Yamane & Wagner, 1980（♀）

（118）红环黄胡蜂 *Vespula rufa* (Linnaeus, 1758)（图 6-35）

特征：雌蜂体长约 13mm。体黑色，上颚黄白色，唇基中间黑色，其余黄白色，触角间具梯形黄白斑，颊部两侧具 1 黄白斑，复眼内缘黄白色，复眼后缘上端具 1 黄白斑，前胸背板近中胸背板处具黄白斑，翅基片除中间透明斑其余为黄白色，小盾片和后小盾片具 1 对黄白色斑，腹部背板第 1～6 节具规则黄白条带，背板第 1 节基部具 1 对黄白斑，腹板第 2～6 节端部具不规则黄白条带，腹板第 2 节覆 1 对棕黄色斑，足的股节端部外侧具黄白斑，足的胫节外侧具黄白斑，足的跗节具黄白斑；整体覆有短毛，其间夹着较密集的长毛；翅浅褐色。头宽略窄于胸；唇基略隆起，端部中央略凹陷，有稀疏刻点，刻点的直径小于刻点之间的距离；额区、头顶和颊部有密集浅刻点，刻点的直径大于刻点的之间距离。胸部具密集黑色长毛；前胸背板两肩角圆形，前缘极窄；中胸背板隆起，布密集刻点，刻点的直径大于刻点的之间距离，中央稍稀疏；小盾片矩形，中央有纵沟；后小盾片向下垂直，近五边形；足的基节、转节、胫节附有长毛。腹部具中长毛，背板和腹板端部及第 1 背板基部具黑色长毛。

雄蜂形态近似雌蜂。

观察标本：3♀♀，内蒙古大兴安岭汗马国家级自然保护区，吉娜米基马河灌丛，马氏网第 1 瓶，海拔 931m，2015.VII.31，史丽；1♀，内蒙古大兴安岭汗马国家级自然保护区，牛耳湖湿地，马氏网第 1 瓶，海拔 870m，2015.VII.26，史丽；1♀，内蒙古大兴安岭汗马国家级自然保护区，波诺河森林，马氏网第 1 瓶，海拔 862m，2015.VII.23，史丽；5♀♀，内蒙古大兴安岭汗马国家级自然保护区，波诺河吊桥边，马氏网第 1 瓶，海拔 854m，2015.VII.31，史丽。

分布：内蒙古、陕西、黑龙江、辽宁、北京、新疆、台湾、四川、云南、西藏；蒙古国，俄罗斯，朝鲜，韩国，日本，尼泊尔，阿富汗，加拿大；中亚地区，欧洲。

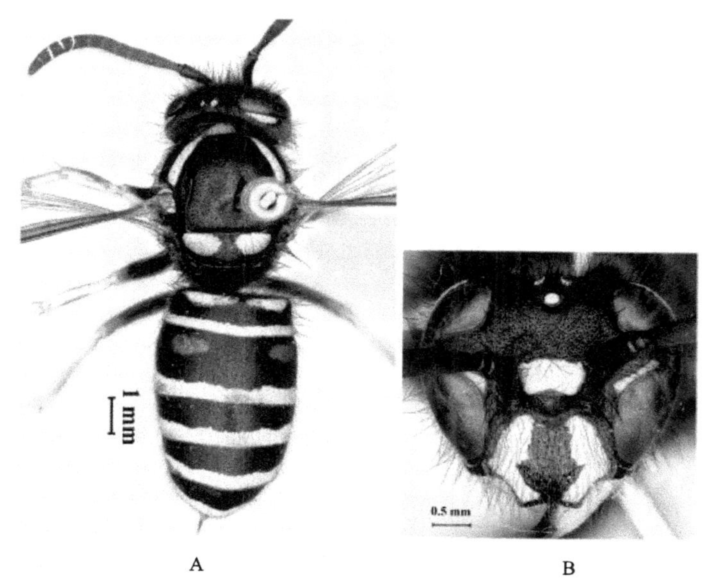

A—整体背面观；B—头部正面观。

图 6-35 红环黄胡蜂 *Vespula rufa* (Linnaeus, 1758)（♀）

（119）常见黄胡蜂 *Vespula vulgaris* (Linnaeus, 1758)（图 6-36）

特征：雌蜂体长 13～16mm。体黑色，上颚黄色，唇基中部黑色区域未达前缘，其余黄色，触角间具梯形黄斑，颊部两侧具 1 黄斑，复眼内缘黄色，复眼后缘上端具 1 黄斑，前胸背板近中胸背板处具黄斑，中胸侧板上部具 1 黄斑，翅基片除中间透明斑其余为黄色，小盾片和后小盾片具 1 对黄斑，腹部背板第 1～6 和腹板第 2～5 节端部具黄色条带，腹板第 6 节中间具 1 黄斑，足的股节端部外侧具黄斑，足的胫节外侧具黄斑，足的跗节具黄斑；整体覆有短毛，其间夹着长毛；翅褐色。头宽略窄于胸；唇基略隆起，端部中央略凹陷，有稀疏浅刻点，刻点的直径小于刻点之间的距离；额区、头顶和颊部布有稀疏浅刻点。胸部布有浅刻点；两肩角圆形，前缘极窄；中胸背板隆起；小盾片矩形，中央有纵沟；后小盾片向下垂直，近五边形；足的基节、转节、胫节附有长毛。腹部背板和腹板端部及第 1 背板基部具长毛。

雄蜂形态近似雌蜂。

观察标本： 5♀♀，内蒙古大兴安岭汗马国家级自然保护区，波诺河吊桥边，马氏网第 1 瓶，海拔 854m，2015.VII.23，史丽；2♀♀，内蒙古大兴安岭汗马国家级自然保护区，波诺河森林，马氏网第 1 瓶，海拔 862m，2015.VII.23，史丽；1♀，内蒙古大兴安岭汗马国家级自然保护区，救护站森林，马氏网第 1 瓶，海拔 847m，2015.VII.24，史丽；2♀♀，内蒙古大兴安岭汗马国家级自然保护区，五支二叉森林，马氏网第 1 瓶，海拔 977m，2015.VII.28，史丽；1♀，内蒙古大兴安岭汗马国家级自然保护区，波诺河灌丛，马氏网第 1 瓶，海拔 846m，2015.VII.23，史丽；2♀♀，内蒙古大兴安岭汗马国家级自然保护区，吉娜米基马河湿地，马氏网第 1 瓶，海拔 932m，2015.VII.31，史丽；1♀，内蒙古大兴安岭汗马国家级自然保护区，牛耳湖湿地，马氏网第 1 瓶，海拔 870m，2015.VII.26，史丽。

分布： 内蒙古、浙江、新疆；亚洲，欧洲，北美洲，非洲北部各国。

A—整体背面观；B—头部正面观。

图 6-36 常见黄胡蜂 *Vespula vulgaris* (Linnaeus, 1758)（♀）

76. 胡蜂属 *Vespa* Linnaeus, 1758

特征：体多粗壮。被有长毛，后头沟背上部分通常缺失；唇基前缘中央凹刻呈2～3枚（通常为2枚）钝齿或尖齿，雄性凹刻不明显，略平截；后单眼的间距明显短于后单眼至后头脊之间的距离，后胸盾片后缘中央向并胸腹节极度延伸，后翅基部无臀叶；腹部第1节前部平截，与后半部分形成垂直截面。

分布：世界已知22种，中国记录17种，汗马保护区分布1种。

(120) 黄边胡蜂 *Vespa crabro* Linnaeus, 1758（图6-37）

特征：雌蜂体型较大，被密黄色长毛。体黑色，上颚棕黄色，唇基棕黄色，触角间有1较大的梯形棕黄色斑，复眼内缘具棕黄色斑，触角柄节、鞭节下部棕黄色，整个颊部棕黄色，前胸背板具1对棕黄色大斑，翅基片棕黄色，腹板背板第1节基部截面棕黄色，背板第1节端部具窄的棕黄色条带，背板第2～5节端部具宽的棕黄色条带，腹板第2～5节端部具中等宽度的棕黄色带，背板第6节和腹板第6节棕黄色，前足股节端部外侧红棕色，各足的胫节和跗节红棕色。背观头部在复眼后未强烈延长；后单眼间距小于单复眼间距；后单眼间距远小于后单眼到后头脊的距离；基片前脊完整；唇基前缘无中齿，两侧角半圆形，唇基侧面观仅微微突起；前胸背板布密集刻点，刻点的直径大于刻点之间的距离，两肩角不明显；中胸背板突起，布密集小刻点，刻点的直径大于刻点之间的距离；小盾片矩形，中央具浅纵沟；腹部第1背板中长小于后缘宽度之半；背板第2节两侧刻点密集，刻点直径大于刻点之间的距离。

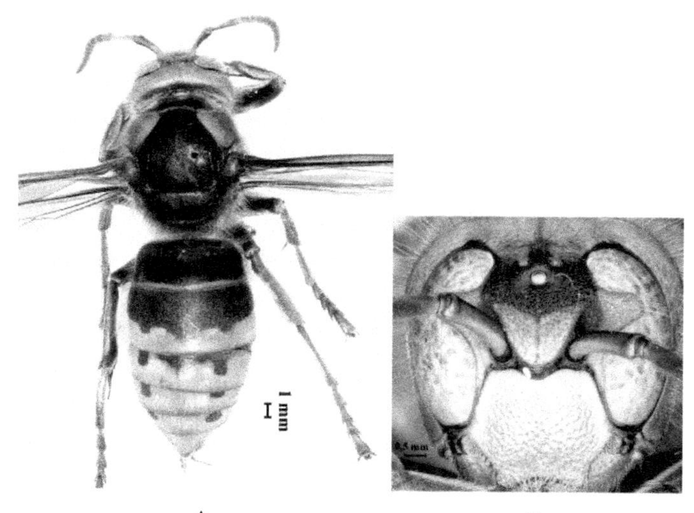

A　　B

A—整体背面观；B—头部正面观。

图6-37　黄边胡蜂 *Vespa crabro* Linnaeus, 1758（♀）

雄蜂特征近似雌蜂。

观察标本：1♀，内蒙古大兴安岭汗马国家级自然保护区，200m 溪流栈道，马氏网第 2 瓶，2017.VII.12，李顺德。

分布：陕西、黑龙江、吉林、辽宁、北京、河北、山西、山东、河南、甘肃、江苏、浙江、湖北、江西、福建、台湾、广西、四川、云南、西藏；蒙古国，俄罗斯，朝鲜，韩国，日本，土耳其，伊朗，加拿大，美国，危地马拉；中亚地区，欧洲。

参考文献

董大志，2001. 云南胡蜂属一新种（膜翅目：胡蜂科）[J]. 西南农业大学学报，34（1）：82-83.

董大志，何运解，王云珍，等，2003. 黄胡蜂属一新种（膜翅目：胡蜂科）[J]. 西南农业大学学报，25（3）：212-213.

董大志，梁醒财，王云珍，等，2005. 云南贡山黄胡鲜属一新种（膜超目：胡蜂科）[J]. 昆虫分类学报，27（1）：65-68.

董大志，王云珍，何远辉，等，2002. 云南黄胡蜂属一新种（膜翅目：胡蜂科）[J]. 西南农业大学学报，24（5）：396-397.

李铁生，1985. 中国经济昆虫志（第三十册）膜翅目：胡蜂总科[M]. 北京：科学出版社.

李铁生，1986. 中国黄胡蜂属记述（膜翅目：胡蜂科）[J]. 动物学集刊，4（4）：201-206.

ANDRÉ E, 1884. Species des Heménopterès d' Europe et d' Algerie[Z]. Beaune.

BEQUAERT J, 1931. The color form of the common hornet *Vespa crabro* Linnaeus[J]. Konowia, 10: 101-109.

BIRULA A, 1930. Uber die russischen Wespen und ihre geographische Verbreitung[J]. Annuaire du Musée Zoologique de l' Académie de Sciense del URSS, 31(2): 291-340.

CAMERON P, 1903. Descriptions of four new species of *Vespa* from Japan[J]. Entomologist, 36: 278-281.

FABRICIUS J C, 1793. Entomologia systematica emendata et aucta. Secundum classes, ordines, genera, species adjectis synonimis, locis, observationibus, descriptionibus. Tome 2[M]. Hafniae: Christ. Gottl. Proft.

KIM J K, 2017. Descriptions of three new species of the genus *Symmorphus* Wesmael, 1836 (Hymenoptera: Vespidae: Eumeninae) from South Korea, with an updated revised key to Far Eastern species[J]. Zootaxa, 4350 (2): 234-250.

LINNAEUS C, 1758. Systema naturae (10th Edition)[M]. Stockholm: Holmin.

LIU C L, 1936-1937. A bibliographic and synonymie catalogue of the Vespidae of China, with a cross-referring index for the genera and species[J]. Peking Natural History Bulletin, 2(3): 205-232.

SMITH F, 1852. Descriptions of some Hymenopterous insects from northern India[J]. Transactions of the Zoological Society of London, 2: 45-48.

YAMANE S, 1975. Taxonomic notes on the subgenus *Boreotespula* Blathgen (Hymenoptera, Vespidae) of Japan with notes on specimens from Sakhalin[J]. Kontya, 43(3): 343-355.

中文名索引

拉丁名索引